山水林田湖草生态保护修复试点工程综合成效评估

——以乌梁素海流域为例

孟 睿 何连生 张 哲 周 强 王亚慧 周 欣 等/著

中国环境出版集团 · 北京

图书在版编目（CIP）数据

山水林田湖草生态保护修复试点工程综合成效评估 ：
以乌梁素海流域为例 / 孟睿等著．-- 北京 ：中国环境
出版集团，2024.10．--ISBN 978-7-5111-6041-6

Ⅰ．X171.4

中国国家版本馆 CIP 数据核字第 20247HF520 号

责任编辑 范云平
封面设计 宋 瑞

出版发行 **中国环境出版集团**
（100062 北京市东城区广渠门内大街 16 号）
网 址：http://www.cesp.com.cn
电子邮箱：bjg1@cesp.com.cn
联系电话：010-67112765（编辑管理部）
010-67113412（第二分社）
发行热线：010-67125803，010-67113405（传真）
印 刷 北京建宏印刷有限公司
经 销 各地新华书店
版 次 2024 年 10 月第 1 版
印 次 2024 年 10 月第 1 次印刷
开 本 787×1092 1/16
印 张 9.5
字 数 129 千字
定 价 59.00 元

中国环境出版集团郑重承诺：
中国环境出版集团合作的印刷单位、材料单位均具有中国环境标志产品认证。

编著委员会

序 言

　　"山水林田湖草是一个生命共同体"的整体系统观是习近平生态文明思想的重要组成部分，当前已成为开展生态系统保护修复的根本遵循。2023 年 7 月 18 日，习近平总书记在全国生态环境保护大会上强调："要坚持山水林田湖草沙一体化保护和系统治理，构建从山顶到海洋的保护治理大格局，综合运用自然恢复和人工修复两种手段，因地因时制宜、分区分类施策，努力找到生态保护修复的最佳解决方案。"自 2016 年起，财政部、自然资源部（原国土资源部）、生态环境部（原环境保护部）共同推进山水林田湖草生态保护修复工程试点工作，目前全国已有 6 批 51 个地区纳入了工程范围。2018 年，乌梁素海流域山水林田湖草生态保护修复纳入国家工程试点。

　　内蒙古自治区作为我国北方重要的生态屏障，其生态文明建设受到党中央、国务院的高度重视。其中，"一湖两海"的综合治理是内蒙古生态文明建设的重要内容。习近平总书记多次就内蒙古自治区以及乌梁素海流域生态文明建设作出重要指示，为区域生态保护发展及生态安全屏障建设指明了方向。乌梁素海流域地处内蒙古西部巴彦淖尔市境内，流域总面积约 1.63 万 km^2，是我国"两屏三带"生态安全战略格局中"北方防沙带"的重要组成部分，是黄河生态安全的"自然之肾"，是关系到黄河中下游水生态安全的"重要节点"，也是黄河流域生物多样性保护的"重要地区"和国际候鸟迁徙的"重要通道"。通过多年的努力，乌梁素海流域的生态保护与治理已初见成效，但地质环境隐患、沙漠化、草原退化、水土流失、土壤盐碱化、水环境质量差等生态环境问题仍然严峻，导致流域生态系统的结构和功能损坏严重、退化趋势明显，对黄河中下游的水生态安全和我国北方的生态安全产生严重威胁。因此，乌梁素海流域的生态环境保护与治理迫在眉睫。

为了从根本上解决乌梁素海流域面临的生态环境问题，巴彦淖尔市认真贯彻习近平总书记绿水青山就是金山银山理念，坚持"山水林田湖草是一个生命共同体"的系统思想和中央、自治区关于生态环境保护的决策部署，组织实施了乌梁素海流域山水林田湖草生态保护修复试点工程（以下简称试点工程）。试点工程主要包括沙漠综合治理工程、矿山地质环境综合整治工程、水土保持与植被修复工程、河湖连通与生物多样性保护工程、农田面源及城镇点源污染治理工程、乌梁素海湖体水环境保护与修复工程、生态环境物联网建设与管理支撑工程七大类重点工程，共有 35 个子项，总投资 50.86 亿元。

依据工程实施方案，对工程实施范围及不同生态保护修复单元的生态修复效益进行评估是一项基础性的工作。2022 年，自然资源部印发《国土空间生态保护修复工程验收规范》（以下简称《规范》），进一步明确和规范了试点工程生态保护修复效果评估的任务和具体内容。本项目依据《规范》对试点工程实施的生态修复成效进行评估，通过对生态系统格局变化、生态功能和结构演变、生态系统质量改变等的评估，切实掌握生态工程实施的效果，期望能够为进一步开展乌梁素海流域生态保护修复后续管理维护提供支撑。

评估结果显示，通过试点工程的实施，流域生态胁迫因子得到减缓，乌兰布和严重沙化沙漠占比由 2017 年的 23.7% 降低到 21.8%，入湖污染物和泥沙量减少，湖体水环境得到改善；生态格局得到优化，生态廊道进一步建立，工程实施促进斑块多样性和均匀度增加，乌兰布和沙漠综合治理区连通度增加，河湖连通灌排体系得以构建、草原生态型防护网络初步形成，湖区水体连通性有效提升，乌拉山生态空间得到进一步拓展；植被覆盖度增加，局部地区生态功能得到有效改善，生物多样性整体增强。

全书共分 12 章，孟睿提出了专著研究工作的总体思路，负责全书的框架设计；何连生负责全部章节的统稿和定稿。具体撰写分工如下：第 1、第 2 章主要由孟睿和何连生撰写；第 3、第 4 章主要由周强和周欣撰写；第 5、第 6、第 7、第 8 章主要由孟睿、张哲和王亚慧撰写；第 9、第 10、第 11、第 12 章主要由何连生、周强和周欣撰写。此外，秦乐、李媛媛、赵航晨、赵昊、范垚、景依然、叶志豪、姜文超、黄龙浩、黄龙涛主要负责部分内容的修订及图片、表格的整理等工作。

该项目成效评估报告的编制得到了巴彦淖尔市人民政府、巴彦淖尔市财政局、巴彦淖尔市自然资源局、巴彦淖尔市水利局、巴彦淖尔市生态环境局、巴彦淖尔市林业和草原局、乌梁素海生态保护中心、乌拉特前旗住房和城乡建设局、内蒙古乌梁素海流域投资建设有限公司、内蒙古河套灌区水利发展中心、内蒙古淖尔开源实业（集团）有限公司、上海同济工程咨询有限公司、中国建筑一局（集团）有限公司、中交第三公路工程局有限公司等单位的大力支持，在此一并表示感谢！

由于作者水平有限，研究和编写过程中难免存在不足之处，敬请广大读者批评指正，以便进一步完善和提高。

编著委员会
2024 年 8 月

目 录

第1章 项目概述

1.1 项目基本情况

项目名称：乌梁素海流域山水林田湖草生态保护修复试点工程综合成效评估

委托单位：内蒙古乌梁素海流域投资建设有限公司

编制单位：中国环境科学研究院

1.2 评估内容

根据《国土空间生态保护修复工程验收规范》《山水林田湖草生态保护修复工程指南（试行）》《乌梁素海流域山水林田湖草生态保护修复试

点工程实施方案》等文件，通过资料收集、数据统计、遥感解译、实地调研、调查监测等方式，对乌梁素海流域山水林田湖草生态保护修复试点工程（以下简称试点工程）建设内容和任务完成情况、生态胁迫因子消除或减缓情况、生态系统功能和结构变化情况、生物多样性变化情况和生态系统质量变化情况、后期管护和监测措施落实情况等进行评估，识别存在的主要问题及生态风险，提出下一步整改的措施及建议，形成评估结论。

1.3　评估原则

（1）科学性

以提升试点工程生态系统质量和稳定性为目标，坚持尊重自然、顺应自然、保护自然，宜林则林、宜草则草、宜湿则湿、宜荒则荒，突出整体性和系统性，科学确定评估内容和指标，客观反映生态保护修复成效，确保评估结果真实、准确。

（2）规范性

明确试点工程生态保护修复成效评估的技术流程和成果产出，对评估指标、评估方法、数据来源、评估结果等统一标准，确保评估工作的规范性。

（3）可操作性

根据试点工程生态保护修复实施前后生态环境要素变化情况确定评估标准，通过定量和定性相结合的方式开展评估，确保评估数据与资料可获取、结果可量化，切合实际。

1.4　评估流程

试点工程生态保护修复成效评估技术流程如图 1-1 所示。

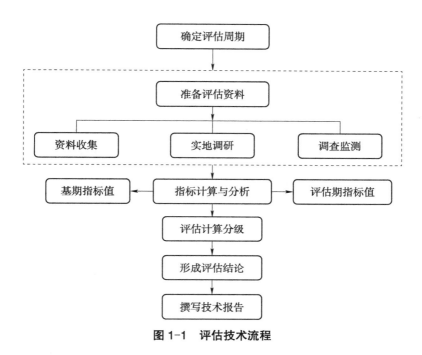

图 1-1　评估技术流程

1.5　评估依据

1.5.1　主要法律、法规、文件

（1）《中华人民共和国环境保护法》（2014 年修订）；

（2）《中华人民共和国水污染防治法》（2017 年修订）；

（3）《中华人民共和国固体废物污染环境防治法》（2020 年修订）；

（4）《中华人民共和国水土保持法》（2010 年修订）；

（5）《中华人民共和国水法》（2016 年修正）；

（6）《中华人民共和国环境影响评价法》（2018 年修正）；

（7）《中华人民共和国河道管理条例》（2018 年修正）。

1.5.2　主要技术标准、规范、参考文献

（1）《地表水环境质量标准》（GB 3838—2002）；

（2）《农田灌溉水质标准》（GB 5084—2021）；

（3）《地下水质量标准》（GB/T 14848—2017）；

（4）《地表水和污水监测技术规范》（HJ/T 91—2002）；

（5）《土壤环境监测技术规范》（HJ/T 166—2004）；

（6）《水土保持综合治理效益计算方法》（GB/T 15774—2008）；

（7）《山水林田湖草生态保护修复工程指南（试行）》；

（8）《湿地生态系统服务评估规范》（LY/T 2899—2017）；

（9）《地表水环境质量评价办法（试行）》（环办〔2011〕22号）；

（10）《生态环境状况评价技术规范》（HJ 192—2015）；

（11）《区域生物多样性评价标准》（HJ 623—2011）；

（12）《全国生态状况调查评估技术规范——生态系统质量评估》（HJ 1172—2021）；

（13）《全国生态状况调查评估技术规范——生态系统服务功能评估》（HJ 1173—2021）；

（14）《区域生态质量评价方法（试行）》（环监测〔2021〕99号）；

（15）《土地利用现状分类》（GB/T 21010—2017）；

（16）《环境空气质量标准》（GB 3095—2012）；

（17）《森林生态系统服务功能评估规范》（GB/T 38582—2020）；

（18）《草原生态系统服务功能评估规范》（DB21/T 3395—2021）；

（19）《生态保护修复成效评估技术指南（试行）》（HJ 1272—2022）。

1.5.3　其他文件

（1）《中国生物多样性国情研究报告》；

（2）《乌梁素海湿地芦苇空间分布信息提取及地上生物量遥感估算》；

（3）相关项目可研报告及批复、设计及批复、实施方案及批复、环评及批复以及设计变更等文件；

（4）建设单位提供的其他相关文件。

第 2 章　区域概况

2.1　乌梁素海流域自然概况

2.1.1　自然地理概况

乌梁素海流域范围可定义为对乌梁素海产生影响的汇水区域，包括整个河套灌区、乌梁素海海区、乌拉特前旗、乌拉特中旗与乌拉特后旗的阴山以南部分和磴口县的一部分，流域总面积约 1.63 万 km²。

乌梁素海是 19 世纪中叶受地质运动、黄河改道和河套水利开发影响而形成的河迹湖，水域面积 293 km²（约 44 万亩①），最大库容 5.5 亿 m³，是我国第八大淡水湖、地球同一纬度最大的自然湿地、全球荒漠半荒漠地

———————————
① 　1 亩≈666.67 m²。

区极为罕见的大型草原湖泊，素有"塞外明珠"的美誉。乌梁素海湖区位于巴彦淖尔市乌拉特前旗境内，呼和浩特、包头、鄂尔多斯三角地带的边缘，河套平原东端，距乌拉特前旗政府所在乌拉山镇 22 km。

流域位于黄河的"几"字弯顶端，俗称"河套"地区，其范围以乌梁素海为中心，西至磴口县三盛公进水口，东至乌拉特前旗乌拉山口，南至磴口县、杭锦后旗、临河区、五原县和乌拉特前旗 4 个旗（县、区）的黄河之滨，北至乌拉特中旗和后旗的阴山山系。流域内有河流、平原、草原、湖泊、山脉、森林、沙漠，总体概括为"南河东湖西沙、一山一田一原"。其中，"南河"是指巴彦淖尔段黄河，全长 345 km，约占黄河内蒙古段全长的 41%。"东湖"即乌梁素海。"西沙"即乌兰布和沙漠，是我国八大沙漠之一，总面积约为 1 500 万亩，属于乌梁素海流域的面积有 506 万亩，主要由固定半固定沙地组成，分布有少数流动沙丘。"一山"即乌拉山，总面积为 209 万亩，拥有内蒙古自治区西部最大的天然次生林区乌拉山森林公园。"一田"即 1 100 万亩耕地，年引水近 50 亿 m^3，土地平整，土壤肥沃，素有"塞上江南"的美誉；"一原"即阿拉奔草原，总面积近 105 万亩，是内蒙古自治区九大集中分布的天然草场之一，更是巴彦淖尔市畜牧业的主要基地。

2.1.2 自然资源概况

（1）河流水系

乌梁素海流域有大小湖泊 300 多个，年均调洪、分洪、蓄洪在 5 亿 m^3 左右，是黄河凌汛期中上游河段调洪、分洪的重要蓄洪区。汇入黄河水系的支流、山洪沟共有 177 条，每年汇入黄河的雨水、山洪水及河套灌区农田退排水高达 3 亿 m^3 以上，其中约 2.5 亿 m^3 通过乌毛计闸退入黄河，是确保黄河中下游枯水期不断流的重要补给源。

乌梁素海湖区水域面积为 293 km^2，湖面运行水位介于 1 018.8～

1 019.2 m，大片水域水深在 0.5～1.5 m，最大水深为 4 m，是巴彦淖尔市境内最大的湖泊，也是河套平原黄灌区排退水、山洪水的容泄区。地下水的补给主要来源于灌溉渗漏和大气降水，其分布规律与地质构造、岩性、地形及气候等因素密切相关。

巴彦淖尔市的黄河水系包括河套灌区引水渠、排水渠形成的乌梁素海流域和阴山山脉南侧的山洪沟。黄河从巴彦淖尔市南端的二十里柳子上游 8 km 处的治沙渠口入境，至乌拉特前旗的池家圪堵入包头市境。在巴彦淖尔市境内，黄河干流全长 345 km，水域面积为 226.40 km²，多年平均过境水径流量为 315 亿 m³，境内流域面积为 3.4×10^4 km²。

乌梁素海的主要水源有农田退水、城镇污水处理厂尾水、生活排水、当地山洪和日常降雨；主要水量的输出方式为排入黄河、蒸发、蒸腾、补给地下水。

乌梁素海作为流域排水的唯一承泄区，总排干沟、八排干沟、九排干沟、十排干沟是主要的排入沟道，平均每年向乌梁素海排水约 5.28 亿 m³，湖水经乌毛计退水闸，通过总排干沟出口段至三湖河口补入黄河。经过多年建设，流域形成了引水、排水、乌梁素海调蓄、退水入黄的完整水循环系统，在维持灌区水环境系统平衡等方面发挥着重要作用。

（2）气候气象

乌梁素海流域地处中纬度地区，位于大陆深处，远离海洋，地势高峻，属中温带大陆性气候。这里冬寒夏炎、四季分明，降水少、温差大，日照足、蒸发强，春季短促、冬季漫长，无霜期短、风沙天多，雨热同季。

乌梁素海流域年平均气温 7.4～8.8℃，极端最低气温 -30.5℃，极端最高气温 40.1℃。无霜期 146～151 d。流域内平均年降水量 174.7 mm，从东到西递减，乌拉特前旗为 216.8 mm，磴口为 143.3 mm。一年四季降水极不均匀，夏季降水最多，占全年的 63.2%，冬季最少，仅占全年降水量的 2.2%；降水年际变化大，最高年份与最少年份的降水量相差 5 倍左右。与降水量形成鲜明对比的是，年蒸发量达 1 992～2 351 mm。流域内湿润程度很低（0.11～0.20），是天然降水资源极度缺乏的地区；年平均日照时数为 3 194.3 h，属于我国日照资源比较充足的地区之一；境内年平均风速为3.0 m/s，大风多出现在 3—5 月，最大风速可达 27.7 m/s。年内大风日数在20 d 以上，风向多为西北风。

（3）土壤与植被

巴彦淖尔市第二次土壤普查数据显示，乌梁素海流域土壤类型较多，主要有淡栗钙土、草甸栗钙土、栗钙土、灌淤栗钙土、粗骨栗钙土、普通灰褐土、淋溶灰褐土、粗骨性灰褐土、草甸盐土、沼泽盐土、草甸灌淤土、盐化灌淤土、灌淤土、浅色草甸土、灰色草甸土、流动风沙土、半固定风沙土、固定风沙土等。灌淤土主要分布于苏独仑两侧和乌梁素海沿岸及河套灌区，其中河套灌区还有部分盐碱土；草甸土主要分布于阿拉奔草原；风沙土主要分布于乌兰布和沙漠、乌拉山北。

通过历年来土壤测试分析得出，流域内耕地有机质平均含量为 13.3 g/kg（1.3%），全氮平均含量为 0.8 g/kg，速效磷平均含量为 18.5 mg/kg，速效钾平均含量为 208 mg/kg，pH 平均为 8.55。

防沙林

乌梁素海流域在农田渠道主要分布有以杨、柳为主的农田防护林；在河漫滩和海子分布有水生植被，主要有芦苇、蒲草、隐花草等；在盐碱荒地分布有盐生植被，主要有枸杞、沙棘、盐爪爪、碱葱等灌草植物；在套内零星沙丘分布有沙生植被，主要有沙棘、沙蓬、沙蒿、甘草等；在山麓阶地分布有荒漠草原植被，主要有柠条、沙棘、冷蒿等灌草植物；在乌拉山区域分布着次生植被，主要有樟子松、白桦、蒙古栎、蒙古榛、侧柏、山杨、山榆等乔木。

沙地灌丛

（4）野生动物

乌梁素海流域拥有丰富的植物、浮游生物、鱼类、两栖类、爬行类、鸟类等生物资源。目前，湖区内有各种鸟类 265 种，其中国家一级保护鸟类 7 种、二级保护鸟类 38 种，鸟类种数占全国鸟类种数的 19.89%，所发现鸟类的科数和目数分别占全国总数的 64.20% 和 90.48%。国家林业和草原局公布了 707 种鸟类是有益的或者有重要经济、科学研究价值的"三有"国家保护物种，乌梁素海鸟类中 187 种为该范围内的"三有"物种，占全国鸟类"三有"物种种数的 26.45%。乌梁素海是深受国际社会关注的湿地系统生物多样性保护区。

湖区鸟禽类野生动物

同时，乌梁素海流域内拥有众多的自然湿地，富集的水系为许多水生生物物种保存了基因特性，使许多野生水生生物在不受干扰的情况下自然生存和繁衍，这些生物随退水最后进入黄河，成为黄河水生生物多样性的重要物种来源。

乌梁素海流域地处欧亚大陆的中部，是世界候鸟迁徙的"重要通道"，世界八条鸟类迁徙通道中的南亚、西南亚—中亚和东南亚—澳大利亚两条通道在此交会。流域得天独厚的湿地生态环境为鸟类栖息繁衍提供了优越的条件，成为欧亚大陆重要的候鸟栖息、繁殖地和迁徙、集群、停歇及能量补给站，具有极其重要的生态价值。

2019 年，乌梁素海的鱼类共有 17 种，分别隶属 4 目 7 科。其中鲤科鱼类数量居多，约有 5 种，占鱼类总数的 62.5%；鳅科 2 种，占总数的25%；鲶科 1 种，占总数的 12.5%。2021 年 4 月开展乌梁素海鱼类调查分析，通过对采集到的渔获物进行统计，合计在乌梁素海湖区记录到鱼类

湖区鸟类资源

21 种，隶属 6 科 18 属。其中，鲤科鱼类 15 种，占调查物种总数的 71.4%；虾虎鱼科 2 种，占总数的 9.5%；胡瓜鱼科、鲇科、塘鳢鱼科、月鳢科各 1 种，分别占总数的 4.8%。流域发现浮游动物、底栖动物、鱼类、两栖动物、爬行动物、哺乳动物等共计 142 种。

流域鱼类资源

流域哺乳动物

（5）农业资源

乌梁素海流域内的河套灌区拥有 1 100 万亩耕地和 6.5 万 km 的七级灌排体系，是亚洲最大的"一首制"灌区和全国三大灌区之一。流域地处北纬 40° 农作物种植黄金带，农业生产条件优越，全年日照平均时数为 3 194.3 h 左右，有效积温为 3 000 h 左右，无霜期 146～151 d，昼夜温差达 14～18℃，是全国光热条件较好的地区之一。在国家"十二五"规划纲要提出的"七区二十三带"农业战略格局中，河套灌区被列为优质春小麦主产区，是国家重要的商品粮油生产基地。

乌梁素海流域已成为全国地级市中最大的有机原奶生产基地、无毛绒加工基地、脱水菜生产基地、向日葵生产加工基地和全国第二大番茄种植与加工基地，以"天赋河套"为代表的优质农产品区域公用品牌，成功登陆美国纽约时代广场，特色农畜产品出口到 80 多个国家和地区，向全国和世界提供绿色有机食品。

流域农业资源

2.2 乌梁素海流域社会经济概况

根据第七次人口普查数据，截至 2020 年 11 月 1 日零时，巴彦淖尔市常住人口为 1 538 715 人，有 38 个少数民族，其中蒙古族人口为 8.47 万人。2021 年年末，巴彦淖尔市常住人口为 152.8 万人，比上年末减少 0.8 万人。其中，城镇人口 92.6 万人，乡村人口 60.2 万人；常住人口城镇化率达 60.6%，比上年提高 0.6 个百分点。男性人口 78.0 万人，女性人口 74.8 万人。全年出生率为 5.92‰，死亡率为 8.56‰；人口自然增长率为 -2.64‰。2023 年年末，巴彦淖尔市常住人口为 150.34 万人，同比增长 -0.94%，其中城镇人口 92.68 万人，乡村人口 57.66 万人，有汉族、蒙古族、满族、回族等 39 个民族。

2023 年，巴彦淖尔市实现地区生产总值 1 161.8 亿元，同比增长 7.9%。2024 年经济社会发展主要预期目标是：地区生产总值增长 6% 以上，规模以上工业增加值增长 8% 以上，固定资产投资增长 15% 以上，一般公共财政预算收入增长 5.5% 以上，社会消费品零售总额增长 5% 以上，城乡居民人均可支配收入分别增长 6% 和 8% 左右，城镇登记失业率控制在 5% 以内，节能减排完成自治区下达的目标任务。

巴彦淖尔市共有 10 个工业园区，分别为巴彦淖尔经济技术开发区、杭锦后旗工业园区、乌拉特中旗工业园区、乌拉特后旗工业园区、磴口工业园区、甘其毛都口岸加工园区、乌拉特后旗循环经济工业园区、五原县工业园区、蒙海物流工业园、乌拉特前旗工业园区。其中，巴彦淖尔经济技术开发区为国家级工业园区，其他为自治区级工业园区。

第 3 章　工程总体情况

3.1　工程设计总体思路和拟解决的生态问题

　　巴彦淖尔市已实施了一大批生态环境保护和修复项目，乌梁素海流域的生态治理已初见成效，但生态系统结构和功能仍然损坏严重、退化趋势明显，主要表现为湖泊水面萎缩、水质尚未稳定达标、土壤盐碱化、农田面源和城镇村落污染严重、山体和林地破坏严重、水土流失加剧、草原退化等。环境管理方面依然存在条块分割、工作协同不足、治理项目部署分散、体制机制不健全、治理资金短缺等问题，生态环境治理和修复工作尚缺乏系统性、整体性。鉴于乌梁素海流域特殊的地理位置和重要的生态功能，如果不能进一步系统治理流域内生态环境问题，会对黄河中下游的水生态安全和我国北方的生态安全产生严重威胁。

　　试点工程以山水林田湖草沙生命共同体理念为指导原则，以乌梁素海流域内的突出生态环境问题为导向，对治理区内的受损生态环境进行保护与修复，拟解决以下主要问题：

（1）沙漠化问题

乌梁素海流域内乌兰布和沙漠东西长 92 km、南北宽 61 km，总面积为 506 万亩，约占乌兰布和沙漠总面积的 1/3。近 40 年来，随着自然扰动和人为破坏，沙漠化进程不断扩大，侵蚀面积达 100 km²。目前，沙地生态系统以灌草型为主，一些已治理地区的植被尚处在恢复阶段，稳定性差，如保护利用不当，土地沙化极易反弹，增加入黄泥沙含量，对下游产生严重影响。

（2）地质环境问题

乌拉山、白云常合山和渣尔泰山地区蕴藏着丰富的矿产资源，自 20 世纪六七十年代起，矿业活动逐步兴起。由于长期以来重开发、轻保护，矿业开发占用、破坏了大量土地，导致山体和生态环境遭到严重破坏。露天采坑、废石渣堆遍布，地形地貌景观遭到破坏。地面塌陷／沉陷、崩塌、滑坡等地质灾害隐患增加。矿业活动产生的固体废物、废水、粉尘对环境产生了严重影响。土地被占用和破坏，植被遭受破坏，草原沙化，地表涵养功能退化，水土流失严重，生物多样性也受到影响。

（3）草原退化、水质恶化

阿拉奔草原是乌拉特草原的重要组成部分，草原退化是当前草原生态系统面临的最大问题。旱灾和虫害频发、早期过度放牧导致草原退化加速甚至沙化。草原生态功能退化，草地逐渐荒漠化，水土流失严重，导致阿拉奔草原的水源涵养地和入湖污染物阻隔带功能下降，生态屏障功能下降，加剧了乌梁素海的水质恶化。

（4）水量减少，土地盐碱化

乌梁素海不同于其他湖泊，其主要补水来源是河套灌区各级排干沟的农田排水、全市工业城镇的废水和沿山山洪水。河套灌区年均净引黄水量原本为 52 亿 m³，由于实施了水权转换和采取了工程节水等措施，近年来实际年均引黄水量为 46 亿 m³，相比原水量下降了 6 亿 m³。尽管如此，相较于黄河水利委员会要求的 36 亿 m³，超出 10 亿 m³，仍需进一步减少用水量，节水任务依然艰巨。由于灌水量的减少，灌区年均排入乌梁素海的水量由 7 亿 m³ 下降到 3.5 亿 m³。2003—2008 年，黄河进入枯水期，灌区排水量为 3.5 亿 m³ 左右，为保持乌梁素海的正常库容（3.5 亿 m³），年均排入黄河水量不足 1 亿 m³，乌梁素海水质变为劣 V 类。引水减少直接导致土地盐碱化加剧，乌梁素海流域土壤本底含盐量高、pH 高、土壤板结、通气性不良、肥力水平低、保水保肥能力差，不利于作物出苗和生长，经济效益低下。重度盐碱化耕地仅能生长稀疏的碱草，无任何经济收益。由于盐碱化严重，农作物产量低，农户为了追求产量和效益，施以大量化肥、农药，并采用大水压盐的方法，导致土壤板结、退化、沙化，加重了农业面源污染，造成了更多的盐碱地，形成了恶性循环。

3.2　工程总体目标

通过试点工程的实施，流域生态环境质量在前期治理的基础上进一步提升，沙漠、山脉、草原、湖泊、水系、湿地等重点生态功能区的生态保护与建设取得明显进展，防风固沙能力有效增强，生物多样性持续改善，水环境质量稳定达标，生态系统的稳定性明显提高，生态系统服务功能显著增强，有效提升"北方防沙带"生态系统服务功能，保障黄河中下游水生态安全。同时，研究并探索出一套能够充分反映流域特色的山水林田湖草生态保护修复评价指标。

项目区经过综合整治后，主要成效指标包括：

①乌兰布和沙漠的严重沙化面积占比由 2017 年的 23.7% 降低到 21.8%；新增治理面积达到 4 万亩。

②乌拉山地质环境灾害的治理率由 2017 年的 10% 提高到 100%；乌拉山地质环境区域治理面积比例由 2017 年的 18.17% 提高到 100%。

③乌梁素海湖心主要污染物浓度下降 3%，水质持续稳定达标；生物
多样性指数稳步提升。

3.3 生态保护修复单元设置及其关联性

依据"尊重自然、差异治理"的主要原则，按照"因地制宜、突出重点"的规划方法，结合《内蒙古自治区"十三五"生态环境保护规划》《巴彦淖尔市环境保护"十三五"环境保护规划》《巴彦淖尔市国土空间总体规划》《乌梁素海综合治理规划》等现有主要生态保护修复相关规划方案，将乌梁素海流域的生态保护修复划分为 6 个生态保护修复单元（图 3-1），形成"四区、一带、一网"的生态安全格局。本项目以提升"北方防沙带"生态系统服务功能和保障黄河中下游水生态安全为主要目标，对区域内矿山、湖水、林草、农田、湿地、沙漠等多要素进行系统治理，通过多项工程的衔接与配合，共同促进湖区水质净化和防沙固沙功能的提升。具体内容包括以下几方面。

图 3-1　乌梁素海流域生态保护修复单元的划分

3.3.1 环乌梁素海生态保护带

环乌梁素海生态保护带的范围包括乌梁素海湖区周边的农田、城镇和村落等。针对生态保护带的面源、点源污染问题，通过控污减排措施，开展环湖带农牧业、城镇和村落的污染物整治工程，从源头治理，减少入排干污染物。

3.3.2 河套灌区水系生态保护网

河套灌区水系生态保护网的范围包括连接乌梁素海和环湖生态保护带的主要排干沟。针对入排干沟水质污染问题，实施排干沟治理、人工湿地建造、生态补水、海堤整治、旁侧湿地净化、湖区水道疏浚等一系列措施和工程，进一步提升排干沟水质，减少入湖污染物。

3.3.3 乌梁素海水生态修复与生物多样性保护区

乌梁素海水生态修复与生物多样性保护区的范围主要是乌梁素海湖区。为了保护湖体的水生态和生物多样性，提升湖泊的降解和净化功能，改善湖体的水质和富营养化状态，改善整个湖区的水流条件，增加湖体库容和水量、减少湖体内源污染物，开展湖体内源治理工程。结合环乌梁素海生态保护带和河套灌区水系生态保护网，形成水质改善治理系统，进一步提升乌梁素海入黄河水质，保护黄河水生态安全。

3.3.4 阿拉奔草原水土保持与植被修复区

阿拉奔草原水土保持与植被修复区的范围包括阿拉奔草原和水土保持清水产流区。为了减少季风通道流域的水土流失，通过开展阿拉奔草原及水土流失源头带、过程带、缓冲带的水土保持和植被恢复工程，减少入湖污染物和泥沙量，防风固沙。

3.3.5 乌拉山水源涵养与地质环境综合治理区

乌拉山水源涵养与地质环境综合治理区的范围主要是乌拉山的山体。通过开展乌拉山的地质环境、地质灾害整治和植被恢复措施工程，改善乌拉山受损山体的地质地貌环境，提升水源涵养功能，减少入湖污染物和泥沙量，改善湖体水环境，从而提升乌拉山的生态屏障服务功能。

3.3.6 乌兰布和沙漠综合治理区

乌兰布和沙漠综合治理区主要指磴口的乌兰布和沙漠。通过实施乌兰布和林草植被恢复措施进行防沙治沙，其与乌拉山水源涵养与地质环境综合治理区、阿拉奔草原水土保持与植被修复区及其他治理区共同作用，系统提升"北方防沙带"功能。

试点工程包括七大类工程 35 个子项目，总投资 50.86 亿元，其中，中央财政奖补资金 20 亿元，自治区财政补助资金 10 亿元，市县自筹和引入社会资本资金 20.86 亿元（表 3-1）。

表 3-1　乌梁素海流域山水林田湖草生态保护修复试点工程项目汇总

单位：万元

序号	项目名称	具体位置	总投资	中央专项资金	地方整合资金
一、沙漠综合治理工程					
1.1	乌兰布和沙漠防沙治沙示范工程	磴口县	48 600	19 109.52	29 490.48
1.2	乌兰布和沙漠生态修复示范工程	磴口县	15 700	6 173.24	9 526.76
二、矿山地质环境综合整治工程					
2.1	乌拉山北麓铁矿区矿山地质环境治理工程	乌拉特前旗	56 400	22 176.48	34 223.52

续表

序号	项目名称	具体位置	总投资	中央专项资金	地方整合资金
2.2	乌拉山南侧废弃砂石坑矿山地质环境治理工程	乌拉特前旗	9 600	3 774.72	5 825.28
2.3	内蒙古乌拉特前旗大佘太镇栓马桩—龙山一带废弃石灰石矿地质环境治理工程	乌拉特前旗	8 300	3 263.56	5 036.44
2.4	乌拉山小庙子沟崩塌、泥石流地质灾害治理工程	乌拉特前旗	9 500	3 735.40	5 764.6
三、水土保持与植被修复工程					
3.1	乌梁素海东岸荒漠草原生态修复示范工程	乌拉特前旗	16 800	6 605.76	10 194.24
3.2	湖滨带生态拦污工程	乌拉特前旗	10 500	4 128.60	6 371.4
3.3	乌拉特前旗乌拉山南北麓林业生态修复工程	乌拉特前旗	22 000	8 650.40	13 349.6
3.4	乌梁素海周边造林绿化工程	乌拉特前旗	2 200	865.04	1 334.96
四、河湖连通与生物多样性保护工程					
4.1	乌梁素海流域排干沟净化与农田退水水质提升工程	乌拉特前旗	13 200	5 190.24	8 009.76
4.2	九排干人工湿地修复与构建工程	乌拉特前旗	2 400	943.68	1 456.32
4.3	八排干、十排干人工湿地修复与构建工程	乌拉特前旗	2 900	1 140.28	1 759.72
4.4	乌拉特前旗大仙庙海子周边盐碱地治理及湿地恢复工程	乌拉特前旗	6 400	2 516.48	3 883.52
4.5	生物多样性保护工程	乌拉特前旗	5 200	2 044.64	3 155.36
4.6	乌梁素海生态补水通道工程	乌拉特前旗	23 200	9 122.24	14 077.76
4.7	乌梁素海海堤综合治理工程	乌拉特前旗	65 300	25 675.96	39 624.04
五、农田面源及城镇点源污染综合治理工程					
5.1	农业投入品减排工程	乌拉特前旗	10 000	3 932.00	6 068.00
5.2	耕地质量提升工程	乌拉特前旗	24 500	9 633.40	14 866.60
5.3	农业废弃物回收与资源化利用工程	乌拉特前旗	20 400	8 021.28	12 378.72
5.4	乌拉特前旗污水处理厂扩建工程	乌拉特前旗	8 100	3 184.92	4 915.08

序号	项目名称	具体位置	总投资	中央专项资金	地方整合资金
5.5	乌拉特前旗乌拉山镇再生水管网及附属设施（第二污水处理厂）工程	乌拉特前旗	8 400	3 302.88	5 097.12
5.6	乌拉特前旗污水处理厂改造工程	乌拉特前旗	8 900	3 499.48	5 400.52
5.7	乌梁素海生态产业园综合服务区（坝头地区）污水工程	乌拉特前旗	8 500	3 342.20	5 157.80
5.8	"厕所革命"工程	乌拉特前旗	5 400	2 123.28	3 276.72
5.9	村镇一体化污水工程	乌拉特前旗	12 000	4 718.40	7 281.60
5.10	生活垃圾收集和转运站点建设工程	乌拉特前旗	9 800	3 853.36	5 946.64
六、湖体水环境保护与修复工程					
6.1	西侧军分区农场湖区湿地治理及湖区水道疏浚工程	乌拉特前旗	20 000	7 864.00	12 136.00
6.2	东侧小海子湖区湿地治理及湖区水道疏浚工程	乌拉特前旗	20 000	7 864.00	12 136.00
6.3	水生植物资源化综合处理工程	乌拉特前旗	13 200	5 190.24	8 009.76
6.4	乌梁素海湖区底泥处置试验示范	乌拉特前旗	5 000	1 966.00	3 034.00
七、生态环境物联网建设与管理支撑					
7.1	生态环境基础数据采集体系建设工程	全流域	9 400	3 696.08	5 703.92
7.2	生态环境传输网络系统建设工程	全流域	200	78.64	121.36
7.3	生态环境大数据平台建设工程	全流域	3 800	1 494.16	2 305.84
7.4	智慧生态环境管理体系建设工程	全流域	2 800	1 100.96	1 699.04

3.4 子项目的空间布局

根据《乌梁素海流域山水林田湖草生态保护修复试点工程实施方案》，试点工程的 35 个子项目在生态保护修复单元的具体空间位置分布见图 3-2。

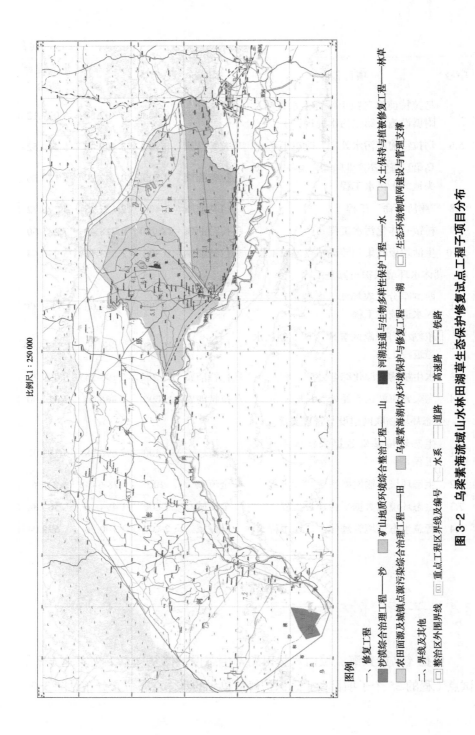

比例尺1：250 000

图例

一、修复工程

沙漠综合治理工程——沙　　矿山地质环境综合整治工程——山　　河湖连通与生物多样性保护工程——水草

农田面源及城镇点源污染综合治理工程——田　　乌梁素海湖体水环境保护与修复工程——湖　　生态环境物联网建设与管理支撑　　水土保持与植被修复工程——林草

二、界线及其他

重点工程界线及编号　　水系　　道路　　高速路　　铁路

整治区外围界线

图3-2　乌梁素海流域山水林田湖草生态保护修复试点工程子项目分布

24

CHAPTER
FOUR

第4章　工程建设内容

4.1　沙漠综合治理工程

为减少沙化土地面积，减缓土地沙漠化进程，同时保护沙区生态系统，缓解沙区地下水资源采补不均衡的问题，本项目对乌兰布和沙漠进行了综合治理。通过建立牢固的防风治沙屏障，有效提升了"北方防沙带"的生态系统服务功能，保障黄河中下游水生态安全。

4.1.1　工程概况

沙漠综合治理工程包括乌兰布和沙漠防沙治沙示范工程和乌兰布和沙漠生态修复示范工程。

项目区地处磴口县乌兰布和沙漠。地理位置位于东经 106°41′~106°54′，北纬 40°10′~40°16′。主要涉及磴口县的防沙林场巴彦高勒镇、沙金套海苏木及中国林业科学研究院沙漠林业实验中心等单位。防沙治沙示范工程的造林作业区集中在磴口县巴彦高勒镇沙拉毛道村、县防沙林场作业区及沙漠林业实验中心场外部分地区，共计 11 个地块，总面积为 56 370 亩。其中，非种植区面积为 8 161 亩，种植区面积为 48 209 亩。土地利用现状主要为沙地，部分为灌木林，少量为未成林地和水面。生态修复示范工程共包含 9 个地块，总面积为 52 314 亩，其中适宜接种肉苁蓉的地块面积为 35 110 亩。总投资 6.43 亿元。

4.1.2　工程内容

（1）防沙治沙示范工程

营造林工程：地块总面积为 56 373 亩，其中非造林面积 8 164 亩、造林面积 48 209 亩。造林面积中，新造林面积 41 640 亩，补植补造面积 6 569 亩。共种植苗木 14 086 255 株，包括落叶乔木 8 980 株、落叶灌木 14 075 871 株、常绿灌木 1 404 株。播植种子 301 kg。设置沙障 44 348 亩，穴状整地总数为 7 066 221 个。采取了多项科技措施，包括使用保水剂 281 725.4 kg、生根粉 28.16 kg、有机肥 628 410 kg。

综合治理展示区面积为 709.37 亩，包括沙障展示区 326.87 亩、苗木展示区 382.5 亩。设置了宣传教育设施，包括 2 座观景台、4 个展示牌、2 个小型生态停车场。在造林作业区外围，设置了高 1.5 m、长 26.7 km 的机械围栏。

引水工程：新建取水头部 1 座、引水泵站 1 座，设计取水流量为 1.0 m³/s。泵站装机 3 台，其中 1 台为二期灌溉预留机位，单机额定流量为 0.5 m³/s。在额定工况下，1 台工作，1 台备用。厂区净用地面积为 2 590 m²，总建筑面积为 830.79 m²，厂区设置加压泵房、配电室、吸水井及辅助用房，压力管道总长 2.93 km。新建泵站出水池（一级水池）1 座（容量为 300 m³），新建输水重力流主管线 16.85 km，新建输水支管道 14.56 km，建造二级水池 31 座（每座容量为 200 m³）。

北滩变电所至泵站厂区新建 10 kV 架空线路 15 km，安装 1 250 kVA 变压器 1 台。在工程区内，新建 10 kV 架空线路 40 km，50 kVA 变压器 31 台、30 kVA 变压器 2 台。

灌溉工程：主干管采用 De250 mm 的 PE 管材，长 77.955 km。分干管采用 De110 mm 的 PE 管材，长 271.502 km。支管采用 De63 mm 的 PE 管材，长 353.034 km。毛管采用 De16 mm 的 PE 盘管，长 8 740.574 km。灌水器采用压力补偿式滴头，共 1 741.454 8 万个。新建面积为 18 m² 的泵房 31 座，1.8 m 直径和 1.2 m 直径的阀门井共 89 座，1.0 m 直径的排水井 1 157 座。

防火通道道路工程：防火通道面层采用 4 cm 厚的细粒式沥青混凝土。1# 防火通道总长 7.407 km，2# 防火通道总长 6.613 km，3# 防火通道总长 18.945 km，路基宽 8.5 m，路面宽 7.0 m，两侧设 2 m × 0.75 m 的路肩。

作业道工程：作业道全长 124.09 km，为砂石路面。作业道主干线路基宽 8 m，路面宽 6 m、长 51.61 km。作业道支线路基宽 6 m，路面宽 4 m、长 77.48 km。

（2）生态修复示范工程

1）现有梭梭林接种工程：现有梭梭接种肉苁蓉的滴灌补贴配套面积为 3 万亩，本项目补贴费用主要用于以下方面：滴灌材料费 350 元 / 亩，安装机械费 100 元 / 亩，安装人工费 150 元 / 亩。每亩的补贴总额为 600 元。

2）新造梭梭林接种工程：地块面积为 52 314 亩，包括非接种面积 12 275 亩、梭梭接种肉苁蓉面积 40 039 亩。播种肉苁蓉种子 1 201.17 kg。开挖接种沟 11 656 520 m，打冲接种穴 1 636 428 个。采用了科技手段，包括使用保水剂 4 003.90 kg、生根粉 2.00 kg，施用有机肥 6 110 500 kg。

3）抚育管理：肉苁蓉接种后的抚育管理主要通过对其寄主梭梭的抚

育来实现。每年应根据降水量及梭梭林的生长状况，对梭梭林在干旱时进行浇水，尤其在夏季高温期间更要充分灌溉，并施以一定量的腐熟有机肥，切忌施用化肥，以保证肉苁蓉的品质。同时，需注意防治梭梭白粉病、梭梭根腐病等病虫害及鼠害，加强人工看护，防止人畜对梭梭林的破坏。

4.2　矿山地质环境综合整治工程

矿山地质环境综合整治工程主要包括矿山地质灾害治理、矿山环境治理及矿山生态修复。采取的措施包括防护堤导流、泥石流物源镇压、清理平整、三联生态防护技术 3S-OER 及动态监测。其中，地质灾害治理流程为崩塌体清理→防护堤导流→泥石流物源镇压清运→生态修复，旨在消除地质灾害；矿山环境治理流程为削坡、清理→整平、覆土→生态修复，以达到恢复地貌景观和土地使用功能的目的；矿山生态修复采取三联生态防护技术，即物理防护→抗蚀防护→生态修复，以达到恢复矿山植被、保持水土、防风固沙的目的。

通过实施矿山地质环境综合整治工程，减少占用、破坏土地面积，恢复自然地形地貌，恢复地表植被，有效提高林草植被覆盖度，增强土壤的涵养能力，减少水土流失，控制扬沙扬尘，避免山体滑坡、坍塌，防范次生地质灾害发生，强化乌拉山、扎尔泰山和白云常合山的生态屏障功能，使其成为西北部与华北部控制沙害、风害的重要防御区。该工程的实施对修复乌梁素海流域生态系统结构、提升黄河生态服务功能具有不可替代的作用。

4.2.1　工程概况

矿山地质环境综合整治工程即乌拉山南北麓矿山环境治理与生态修复

工程，包括以下四大工程：乌拉山北麓铁矿区矿山地质环境治理工程，乌拉山南侧废弃砂石坑矿山地质环境治理工程，乌拉山小庙子沟崩塌、泥石流地质灾害治理工程，以及内蒙古自治区乌拉特前旗大佘太镇栓马桩—龙山一带废弃石灰石矿矿山地质环境治理工程。总投资 8.38 亿元。

（1）乌拉山北麓铁矿区矿山地质环境治理工程

该治理工程共包含 15 个治理区。中国建筑一局（集团）有限公司负责十四公里处、公忽洞、公沙公路两侧、大坝沟西和水泉沟等 5 个治理区的治理；中交第三公路工程局有限公司负责三老虎沟、桃儿弯、外围"绿盾"点、黄土窑、哈拉哈达、柏树沟、哈达门、海流斯太和麻泥沟、甲浪沟等 9 个治理区的治理。中国建筑一局（集团）有限公司和中交第三公路工程局有限公司共同负责乌尔图沟的治理。

（2）乌拉山南侧废弃砂石坑矿山地质环境治理工程

该治理工程包括三大项：乌拉山南侧废弃砂石坑矿山地质环境治理工程、刁人沟治理工程和刁人沟河道整治工程。治理区内共存在露天采坑 46 个、废石（渣）堆 26 个，占用和破坏土地总面积约 2.1 km²，全部为无责任主体治理区。

（3）乌拉山小庙子沟崩塌、泥石流地质灾害治理工程

该治理工程的主要任务是对不稳定边坡、易发生崩塌地区和泥石流地区进行治理。治理区位于内蒙古自治区巴彦淖尔市乌拉特前旗白彦花镇乌日图高勒苏木境内，行政上隶属乌拉特前旗白彦花镇，其地理坐标为东经 109°11′22″～109°15′18″，北纬 40°37′30″～40°41′06″。

（4）内蒙古自治区乌拉特前旗大佘太镇栓马桩—龙山一带废弃石灰石矿矿山地质环境治理工程

该治理区共破坏土地面积 1.84 km²，形成露天采坑 229 个、废石（渣）堆 336 个、工业广场 64 个，全部为无责任主体治理区。治理区位于乌拉特前旗大佘太镇东北侧 4.5～10 km 处，行政区划隶属内蒙古自治区巴彦淖尔市乌拉特前旗大佘太镇。

4.2.2 工程内容

（1）乌拉山北麓铁矿区矿山地质环境治理工程

该治理工程区域内共有无责任主体露天采坑 720 个、废石（渣）堆 1 128 个、工业广场 6 个，占用和损毁土地面积 7.28 km^2。考虑到治理区地质环境恢复治理的自然地理条件，采取以工程措施为主的治理方法。工程措施主要包括清除危岩体、回填（清理）、拆除、整平、覆土、自然恢复植被。可分阶段、结合治理区实际条件逐步实施，从根本上消除治理区的地质环境隐患，使被破坏的土地恢复原有的地貌景观和生态功能。

（2）乌拉山南侧废弃砂石坑矿山地质环境治理工程

该工程的主要治理内容为治理露天采坑 46 个、废石（渣）堆 26 个，对刁人沟 G6 高速大桥至包兰铁路桥上游约 250 m 段河道进行疏浚，重建或新建沟道格宾网石笼护岸工程 1.535 km（双侧），新建沟道过水路面 1 座。根据矿山地质环境治理的指导思想与设计原则，并结合实际情况，治理措施主要包括拆除砌体、清理渣堆、清理坡面、回填、垫坡、削坡、清除危岩体、设置挡墙、砌体护坡、修建便道、覆土、土（石）方平整、撒播草籽、疏浚沟道主槽，重建或新建护岸工程等，确保河道行洪安全和岸坡的稳定。

（3）乌拉山小庙子沟崩塌、泥石流地质灾害治理工程

乌拉山小庙子沟崩塌、泥石流地质灾害治理工程的主要任务是对该区域的不稳定边坡、易发生崩塌地区、泥石流地区进行治理。

1）对治理区内存在崩塌地质灾害隐患的 7 段边坡，采用削坡、清除危岩体、修筑挡墙等方式进行整治，确保消除崩塌地质灾害。整治崩塌治理工程的工程量为 87 647 m^3。

2）对治理区内的河道进行疏导整治，工程总量为 292 314 m^3，使河道行洪能力达到 20 年一遇，修筑格宾网石笼拦挡坝 34 064.34 m^3、格宾网石笼护岸 226 871.78 m^3，并在下游设置停淤场 151 572.3 m^3，以消除泥石流

地质灾害隐患。

3）对新建堤防的岸坡整形清理 2 701 m³，并采取绿化等措施恢复地形地貌景观。

4）对治理区内的小庙沟瀑布进行景观提升，实施了瀑布筑坝抬高工程以增加落差。在瀑布下游 50 m 处开展截流工程建设，新建 1# 蓄水池并铺设输水管道，将截流的地表水通过管道引入下游 2# 蓄水池。

5）对区内已有便道进行维护、修缮，新建过水路面 140 m²，保证道路畅通。

6）对林草恢复区布设喷灌系统，局部地段播撒草籽 28.07 hm²。

7）设置 8 个标志牌和 1 个工程说明碑，标志牌上标注治理区名称、施工时间等。

8）安装 5 套泥石流地质灾害监测设备，对崩塌、泥石流治理区域进行监测。

（4）内蒙古自治区乌拉特前旗大佘太镇栓马桩—龙山一带废弃石灰石矿矿山地质环境治理工程

该工程区域被破坏的土地面积达 1.84 km²，形成露天采坑 229 个、废石（渣）堆 336 个、工业广场 64 个，全部为无责任主体治理区。主要治理工程包括拆除工程，清理采坑周边固体废物堆，清除危岩体，回填作业，对土质边坡进行削放坡、垫坡处理，对尾砂堆实施碎石覆盖、集中堆放、整形、整平，还有覆土和撒播草籽等工作。

4.3　水土保持与植被修复工程

通过对试点工程所处水土流失区域进行治理，从源头带、过程带、湖滨带实施有效控制，减少入湖泥沙量，削减入湖污染物量，进而实现"清水产流"。这对改善入湖水质具有重要的现实意义，也对构建乌梁素海水土资源及生态系统的和谐发展具有深远的战略意义。

4.3.1　工程概况

水土保持与植被修复工程包括四大工程，分别是乌梁素海东岸荒漠草原生态修复示范工程、湖滨带生态拦污工程、乌拉特前旗乌拉山南北麓林业生态修复工程和乌梁素海周边造林绿化工程。

项目实施地点位于乌拉特前旗的乌梁素海周边（主要是东北岸）及乌拉山南北麓，面积共计 26.02 万 hm²。地理位置在东经 108°37′～109°41′、北纬 40°41′～41°16′。主要涉及乌拉特前旗的 4 个镇苏木，即大佘太、明安、小佘太 3 个农区镇及额尔登布拉格 1 个牧区苏木。项目投资估算为 5.15 亿元。

4.3.2　工程内容

（1）乌梁素海东岸荒漠草原生态修复示范工程

项目区总面积达 6 万亩，沿乌梁素海东岸西佘线两侧分布，范围为西佘线路两侧小山嘴至乌梁素海二点段的草原区域。根据乌梁素海周边荒漠草原的实际情况，结合当地地形、地貌及气候特点，采取禁牧围封、飞播和人工播种的方式，同时配套建设灌溉系统，以此对项目内的荒漠草原进行生态修复。具体修复工作包括灌草植物的播种、灌溉系统的构建、围栏围封措施的实施以及草原养护工作的开展。

（2）湖滨带生态拦污工程

该工程治理总面积约为 890.28 hm²。其中，在风沙治理区设置防风固沙灌木林，林下人工种草；河道、滩涂经土地整治后种植乔灌混交林；靠近村镇、景区的地段种植部分景观林来美化环境。

工程主要包括灌丛种植、草被种植、新建围栏等，同时，针对现有鱼塘进行人工湿地的构建。

（3）乌拉特前旗乌拉山南北麓林业生态修复工程

在项目区实施营造林植被生态修复 3.3 万亩。其中，人工造林 2.3 万亩，飞播造林 1 万亩。共铺设地下供水管道 45.2 万 m、地上给水管道 339.58 万 m，修建作业道路 168.6 km，配套建设机电井 5 眼，修建 2 000 m³ 蓄水池 1 座、1 000 m³ 蓄水池 1 座，建防护围栏 9.4 万 m。

（4）乌梁素海周边造林绿化工程

在该工程中，通道绿化建设区位于乌拉特前旗的八排干、百叶壕、渔场三分场和新安农场八分场，绿化总长度约为 13.6 km，占地面积为 124.98 亩，管网敷设长度总计为 13.09 km，换土 10.03 万 m³。村屯绿化建设区位于新安农场六分场、新安农场八分场、小泉子村、瓦窑滩、马卜子、阿日齐嘎查和白彦花嘎查，绿化面积总计 98.42 亩，管网敷设长度为 10.43 km，换填种植土 2.37 万 m³。

4.4　河湖连通与生物多样性保护工程

河湖连通与生物多样性保护工程包括：对现有一至九排干和总排干的 10 条排干沟进行了深度净化工程；对八排干、九排干、十排干进行了人工湿地修复与构建工程，使湿地修复面积达到了 1 513 hm²。这些措施改善了水动力条件，提升了水循环，净化了入湖水质。此外，通过实施乌梁素海湖区生态补水工程，全年补水量达到了 3.0 亿 m³。

4.4.1　工程概况

河湖连通与生物多样性保护工程包括以下 7 个子项目：乌梁素海流域排干沟净化与农田退水水质提升工程，九排干人工湿地修复与构建工程，八排干、十排干人工湿地修复与构建工程，乌拉特前旗大仙庙海子周边盐碱地治理及湿地恢复工程，生物多样性保护工程，乌梁素海生态补水通道工程，乌梁素海海堤综合整治工程，总投资 11.86 亿元。

4.4.2 工程内容

（1）乌梁素海流域排干沟净化与农田退水水质提升工程

该工程包含以下三个项目：

1）总排干等沟道清淤整治工程：包括总排干沟、一排干沟、二排干沟、三排干沟、义通排干沟、皂沙排干沟、六排干沟、七排干新沟、七排干旧沟、八排干沟、九排干沟、十排干沟的清淤整治。

2）斗农毛沟清淤整治工程：包括 10 条支沟、80 条斗沟、58 条农沟、809 条毛沟的清淤整治，配套建设建筑物 453 座，拆除旧建筑物 398 座。

3）骨干排沟清障疏浚及旁侧湿地连通净化工程：包括 41 条分干沟、57 条支沟、51 条斗沟、1 条渗沟的清障疏浚，以及旁侧湿地的连通净化，共涉及 2 处湿地，并配套建设建筑物 60 座。

（2）九排干人工湿地修复与构建工程

九排干区域构建自然与人工湿地 433 hm^2，主要工程包括新建配水渠道 5.0 km，配水渠（利用拟建网络水道）底宽 30 m，配套建设分水闸 36 座、太阳能喷泉曝气机 16 台、太阳能潜水推流曝气机 10 台、配药 4G 控制系统、管理房（设备间、微生物制菌站的管理）1 座；新建 4 座表流人工湿地，面积约 408 hm^2；新建分水坝 3.1 km；新建八排干、九排干人工湿地修复与构建项目监测管理房 1 座。

（3）八排干、十排干人工湿地修复与构建工程

1）八排干人工湿地修复与构建工程：在八排干区域构建自然与人工湿地，面积约 633 hm^2，主要工程内容包括新建配水渠道 6.5 km，配水渠（利用拟建网络水道）底宽 30 m，配套建设分水闸 45 座、太阳能喷泉曝气机 16 台、太阳能潜水推流曝气机 10 台、配药 4G 控制系统、管理房（设备间、微生物制菌站的管理）1 座；新建 6 座表流人工湿地，面积约 597.5 hm^2；新建分水坝 5.21 km。

2）十排干人工湿地修复与构建工程：在十排干沟泵站下游，乌梁素

海西海岸苇田与海区界线处，新建 6.269 km 生态隔离带，形成人工湿地，面积约 446.7 hm²，以降低面源输入湖中的有机物及氮、磷营养盐等的浓度，提高入湖水质，减轻乌梁素海的污染负荷，改善湖区水质，改变湖水富营养化状态，抑制湖泊沼泽化进程。

（4）乌拉特前旗大仙庙海子周边盐碱地治理及湿地恢复工程

该工程分两期进行：

1）一期工程建设内容：对十排干沟桩号（22+910～25+210）段和（28+787～31+442）段进行疏浚整治和滤水模袋防塌护砌的工程建设，总长度为 4.955 km。

2）二期工程建设内容：一是对十排干沟桩号（31+442～33+963）段和老侯支沟（0+000～6+730）段进行疏浚整治、滤水模袋防塌护砌、格宾网石笼防塌护砌的工程建设，总长度为 9.251 km；二是对项目区 13 700 亩盐碱地进行"五位一体"综合治理，包括农田水利工程、农业 - 种植工程、生物改良工程、化学改良工程和物理改良工程；三是通过种植树木来恢复湿地，种植树种为红柳，种植面积为 30.5 亩。

（5）生物多样性保护工程

该工程实施内容主要包括以下三方面：

1）保护区勘界立标：确立相关各方认可的准确、清晰的保护区边界。

2）保护补偿协议签署：此部分涉及将保护区的核心区和缓冲区，以及位于乌梁素海保护区拟定实验区内主湖区周边的苇田、水域、农田和滩涂地纳入补偿范围。具体补偿情况如下：保护区的核心区和缓冲区补偿面积为 3 476 hm²，补偿资金总计为 2 346.3 万元；实验区内主湖区周边的苇田、水域、农田和滩涂地补偿土地面积为 10 909.84 hm²，补偿资金总计为 2 291.07 万元。

3）管理体系建设：包括设立补偿工作组、签订保护补偿协议、兑付补偿资金、监督管理和成效评价等环节。

（6）乌梁素海生态补水通道工程

该工程包括六部分：乌梁素海综合治理生态补水通道工程整治及配套工程、乌梁素海综合治理生态补水通道烂大渠北线疏通整治及建筑物配套工程、乌梁素海综合治理项目北海区输水通道整治及配套建筑物工程、乌梁素海生态补水通道工程凌汛分洪补水通道除险加固工程、黄河水厂水源地农田排水改线及乌梁素海治理生态补水工程应急工程、乌梁素海生态补水通道工程的生态补水渠道整治工程。

（7）乌梁素海海堤综合整治工程

该工程内容如下：

1）按正常蓄水位对海堤的现状高度和宽度进行复核，针对乌梁素海海堤安全高度及宽度不足的段落，按照二级堤防标准进行加高培厚，在原有海堤基础上，使海堤达到高程 1 021.32 m。海堤的内边坡坡度为 1∶2.5，外边坡坡度为 1∶3.0，堤顶宽度分别为 6.0 m 和 10.0 m。

2）根据乌梁素海水面大、水深小的特点，风浪是造成坝坡破坏的主要原因。因此，在考虑对乌梁素海生态环境影响的基础上，对海堤迎水面的坝坡采取相应的防护措施。

3）为满足乌梁素海的防洪要求，并配合乌梁素海海堤的建设，重建（或新建）汇入口 27 座，新建交叉涵洞 1 座，新建海堤桥梁 5 座，重建海堤桥梁 10 座。所有汇入口和交叉涵洞的工程级别均为二级，桥梁的级别为公路 II 级。

4.5 农田面源及城镇点源污染综合治理工程

通过该项目的实施，主要对项目区的农村生活污水、生活垃圾、畜禽养殖废水、农业面源污染、城镇生活污水和废水进行治理，以大幅削减污染物，有效遏制重污染产业的排污总量，同时初步实现产业结构调整。

4.5.1　工程概况

工程地点：乌梁素海周边地区。

农田面源及城镇点源污染综合治理工程包括农牧业污染减排工程（农业投入品减排工程、耕地质量提升工程、农业废弃物回收与资源化利用工程）、乌梁素海水质提升工程［乌拉特前旗污水处理厂扩建工程、乌拉特前旗乌拉山镇再生水管网及附属设施（第二污水处理厂）工程、乌拉特前旗污水处理厂改造工程、乌梁素海生态产业园综合服务区（坝头地区）污水工程］、湖区周边村落环境综合整治工程（"厕所革命"工程、村镇一体化污水工程、生活垃圾收集和转运点建设工程），共三大类 10 个子项目，总投资估算为 11.6 亿元。

4.5.2　工程内容

（1）农业投入品减排工程

农业投入品减排工程主要包括智能配肥站建设项目、减氮控磷项目和调整种植业结构项目。

1）智能配肥站建设项目

已建成智能配肥站 102 家并投入生产，其中 84 家达到验收标准，18 家不达标（杭锦后旗 12 家、五原县 4 家、磴口县 1 家，乌拉特中旗 1 家），已由试点工程兑付补贴资金 420 万元，占该项目投资额的 84%。这些智能配肥站分布在乌拉特前旗、五原县、临河区、乌拉特中旗、乌拉特后旗、磴口县和杭锦后旗 7 个旗（县、区）的 66 个乡镇（农场、企业）。

2）减氮控磷项目

通过招标采购，推广高效复合肥、缓控释尿素、掺混肥、微生物菌肥等，共计 57 631.15 t（2019 年 27 648.03 t、2020 年 29 983.12 t），施用面积达到 137.95 万亩。目前，补贴资金已全部兑付完毕。该项目覆盖了乌拉特前旗、五原县、临河区、乌拉特中旗、磴口县和杭锦后旗 6 个旗（县）的 61 个乡镇（苏木、农场）。

3）调整种植业结构项目

投资 500 万元，在乌梁素海周边乡镇建立了中药材、优质牧草、杂粮杂豆等低耗水、低耗肥且不覆膜的特色优质农作物示范区，面积达 11.1 万亩，资金由山水项目列支，其中，投资 150 万元用于补贴叶面肥 87.095 t，应用面积 3 万亩；投资 350 万元用于补贴国标地膜 350 t，应用面积 8.139 7 万亩。目前，全部补贴资金已兑付完毕。该项目分布在乌拉特前旗 15 个乡镇、农场、合作社的 79 个实施片区。

（2）耕地质量提升工程

耕地质量提升工程主要包括增施有机肥项目、耕地深松项目和水肥一体化项目。

1）增施有机肥项目

采购有机肥 66 674 t（2019 年 35 895 t、2020 年 30 779 t），推广面积 10.28 万亩（2019 年 5.36 万亩、2020 年 4.92 万亩）；建设纳米膜耗氧发酵有机肥生产设施 100 套，生产有机肥 7.3 万 t 以上，推广面积 7.5 万亩以上。该项目分布在乌拉特前旗、五原县、临河区和杭锦后旗，涉及 40 个乡镇、农场（企业）。

2）耕地深松项目

完成耕地深松作业面积 38 万亩（2018—2019 年 23 万亩，2020 年 15 万亩）。该项目分布在乌拉特前旗，涉及 12 个镇（苏木）、农场（企业）。

3）水肥一体化项目

建设了水肥一体化示范工程，总面积达到 15.14 万亩，完成投资 22 702.12 万元。其中，整合国家高效节水和盐碱地高标准农田建设项目，实施面积达 4.47 万亩；山水项目资金核定的实施面积为 10.67 万亩（乌拉特前旗 3.26 万亩、五原县 4.58 万亩、临河区 0.9 万亩、杭锦后旗 0.36 万亩、磴口县 1.57 万亩）。

（3）农业废弃物回收与资源化利用工程

农业废弃物回收与资源化利用工程主要包括农药包装废弃物回收、农田残膜回收、农作物秸秆资源化利用、畜禽粪污资源化利用等四个项目。

1）农药包装废弃物回收项目

农药包装废弃物回收与处理补贴：投资 1 200 万元，用于补贴农药包装废弃物回收和处理，资金全部从山水项目中列支。其中，投资 800 万元，按照 13 元 /kg 的标准（回收补贴 7 元 /kg、转运补贴 3 元 /kg、追溯码补贴 3 元 /kg）对农药包装废弃物进行回收。截至 2020 年年底，已回收农药包装废弃物 684.7 t（2019 年回收 383 t、2020 年回收 301.7 t），实现了应收尽收。另外，投资 400 万元，按照 5 990 元 /t 的标准，对回收的农药包装废弃物进行无害化处理。

农药包装废弃物区域集中回收中心建设项目：投资 580 万元，建设了 58 个乡镇级农药包装废弃物回收点（临河区 11 个、杭锦后旗 10 个、五原县 11 个、磴口县 5 个、乌拉特中旗 7 个、乌拉特前旗 11 个、乌拉特后旗 3 个），补贴标准为 10 万元 / 个，资金全部从山水项目中列支。此外，投资 1 999.7 万元，建设了 6 家旗（县、区）农药包装废弃物区域集中回收中心，并配套建设了农业投入品全程可追溯管理信息平台，对农业投入品的生产、销售、使用和包装废弃物回收实现全程可追溯管理。

2）农田残膜回收项目

残留农膜回收补贴：总投资 3 931.25 万元，完成 402 万亩（2018 年 75 万亩，2019 年 187 万亩，2020 年 140 万亩）的残膜回收作业补贴，补贴标准为 13.25 元 / 亩。

农膜废弃物处理厂建设：投资 2 302 万元，建设了一座年处理能力 0.5 万 t 的残膜处理厂。

3）农作物秸秆资源化利用

秸秆颗粒饲料加工厂建设：投资 1 182.9 万元，建设了 9 家年生产 5 000 t 农作物秸秆颗粒饲料的加工厂。

青贮玉米饲料建设项目：投资494.7万元，建设了26 800 m³的青贮池，年处理青贮玉米16 000 t。

秸秆收储运服务基地建设：投资1 285.6万元，建设了12个收储运基地（乌拉特中旗8家、乌拉特前旗4家），每个基地配套饲草棚800 m²，具备转运8 000 t农作物秸秆的能力。

5万t秸秆能源化利用项目：投资672.7万元，建设了年产5万t秸秆颗粒燃料的加工厂1家。

4）畜禽粪污资源化利用项目

固体畜禽粪便＋污水肥料化利用：投资2 263万元，在乌梁素海周边9个乡镇（农牧场），为104个建设主体配套建设了"固体畜禽粪便＋污水肥料化利用"设施设备。

5万t有机矿物复合肥生产厂建设项目：投资1 933.5万元，建设了1家年产5万t有机肥的生产厂。

（4）乌拉特前旗污水处理厂扩建工程

在乌拉山镇包兰铁路北侧、总排干沟的东侧（图4-1）扩建一套规模为20 000 m³/d的二级污水处理设施、深度处理设施及相配套的污泥处理设

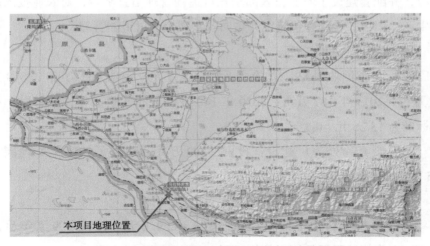

图4-1 乌拉特前旗污水处理厂扩建工程位置

施。污水二级处理采用"A/A/O生物池"处理工艺,深度处理采用"反硝化深床滤池间+磁混凝沉淀池+纤维转盘滤池"的处理工艺,污泥处理采用"浓缩池+叠螺脱水机"的工艺,出水达到《城镇污水处理厂污染物排放标准》(GB 18918—2002)中的一级A标准。污水处理工艺流程见图4-2。

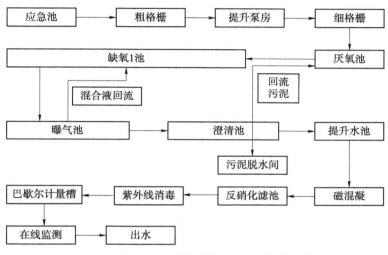

图 4-2　乌拉特前旗扩建污水处理厂工艺流程

(5)乌拉特前旗乌拉山镇再生水管网及附属设施(第二污水处理厂)工程

敷设DN315~DN800再生水管网33.046 km,包括:污水处理厂至利源供水公司11.6 km再生水管网,污水处理厂至乌拉特发电厂12.5 km再生水管网,中水管网至中小企业创业园区1.8 km再生水管网,包兰铁路南侧刁人沟段至乌拉山镇蓿亥滩7.1 km再生水管网。

(6)乌拉特前旗污水处理厂改造工程

在现有的二级生物处理前增设"厌氧池+缺氧池"工艺,在二级生物处理后增设"磁絮凝沉淀+深床反硝化滤池"工艺。新建的回用水站装置规模为2.0万 m³/d,用于接纳乌拉特前旗污水厂的尾水。新建有效容积为1.2万 m³的应急池1座及其配套设施,用于污水处理厂设备检修期间的污水储存。对污水处理厂周边土地进行换土处理，实施了绿化、硬化、围墙、水景建设等环境改善措施。

（7）乌梁素海生态产业园综合服务区（坝头地区）污水工程

在乌梁素海坝头地区西南侧新建污水处理厂1座（图4-3），其近期处理规模为600 m³/d，远期处理规模为1 200 m³/d。同时，建设了一体化污水提升泵站2座，近期规模均为500 m³/d，远期规模均为1 000 m³/d。DN300～DN500污水管道总长度为13 618 m；DN160～DN200再生水管道总长度为4 402 m。污水处理工艺流程为"格栅→调节池→A²O+MBR膜处理工艺→次氯酸钠消毒→达标排放或回用"，工艺流程见图4-4。出水水质符合《城镇污水处理厂污染物排放标准》（GB 18918—2002）一级A标准。春、夏、秋三季，污水站出水补给人工湿地，人工湿地出水通过再生水管道输送至坝头地区再生水管网供沿途及道路两侧的林草地灌溉使用；冬季污水站出水全部储入人工湿地。污泥处理采用"机械浓缩＋化学调理＋板框压滤机"工艺，处理后污泥含水率≤60%，污泥最终处置方式为卫生填埋。臭气处理采用生物滤池法，臭气排放执行《恶臭污染物排放标准》（GB 14554—93）二级标准。

图4-3　新建污水处理厂项目地理位置

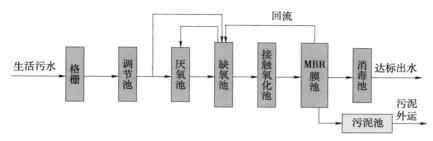

图 4-4　污水处理工艺流程

（8）"厕所革命"工程

建设了 50 座公共厕所，按照 A 级旅游厕所标准建设；新建装配式成品水冲厕所 140 座、钢筋混凝土化粪池 140 座，打水井 140 眼，接入乡村电网 140 处，厕所门前及道路硬化面积为 2 800 m²，采购了 5 m³ 吸污车 10 台；在乌拉特前旗 156 个村落 6 130 户实施了"旱改厕"工程，每户投资 3 400 元，共投资 2 084.2 万元。

（9）村镇一体化污水工程

规划新建污水处理站 8 座，分两期建设。一期新建 6 座，分别位于沙德格苏木、西小召镇、小佘太镇、新安镇、苏独仑镇、公田村，污水二级处理采用"高效 A/A/O+ 生物反应器（MBR）"工艺，工艺流程见图 4-5，出水达到 GB 18918—2002 中的一级 A 标准；二期新建 2 座，位于红光村和北圪堵，污水二级处理采用"高效 A/A/O+ 二沉池＋过滤器"工艺，工艺流程见图 4-6，出水同样达到 GB 18918—2002 中的一级 A 标准。

（10）生活垃圾收集和转运站点建设工程

1）在 8 个镇（苏木）新建垃圾处理系统，包括低温热解垃圾处理站 58 座，总占地面积为 18 429.68 m²，总建筑面积为 2 646 m²。每个处理站占地面积为 200～500 m²，建筑面积为 42 m²（其中管理用房 24 m²，罩棚 18 m²），并配备相应的室外附属设施。此外，还配置了 68 台生活垃圾处理器、340 辆电动三轮车、11 辆垃圾运输车、8 223 个垃圾桶、237 个垃圾箱、4 辆巡查车，以及其他相应的转运和收集设施。项目实施地点位于

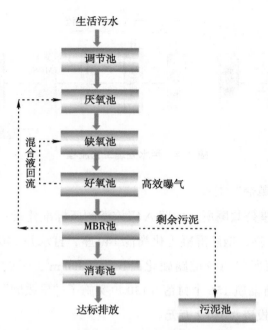

图 4-5　一期村镇一体化污水处理工艺流程

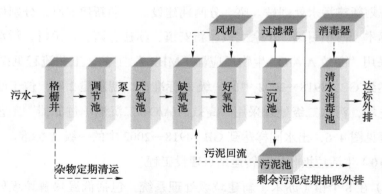

图 4-6　二期村镇一体化污水处理工艺流程

苏独仑镇、沙德格苏木、白彦花镇、西小召镇、新安镇、额尔登布拉格苏木、小佘太镇和大佘太镇。

2）在 3 个镇新建垃圾处理系统，包括低温热解垃圾处理站 23 座，总占地面积为 7 870.32 m²，总建筑面积为 966 m²。每个处理站的建筑面积为

42 m²（其中管理用房 24 m²，罩棚 18 m²），场地硬化面积为 222 m²，铁艺围墙长 27 m，并配置处理设备 23 台、4 t 摆臂式运输车辆 3 辆、电动三轮车 121 辆、240 L 垃圾桶 625 个、垃圾箱 18 个，以及其他相应的转运和收集设施。项目实施地点位于明安镇、先锋镇和乌拉山镇。

4.6　湖体水环境保护与修复工程

通过实施该工程，优化乌梁素海湖区的水动力条件，减少死水或滞水区，改善整个湖区的水流条件和湖水富营养化状态，抑制芦苇和其他水生植物的继续蔓延，减缓沼泽化进程，促进湖泊向良性方向发展，使乌梁素海达到地表水 V 类标准，部分地区达到 IV 类标准。这将使乌梁素海维持和谐的生态系统，形成集平原水库、生态屏障、渔业资源、风景旅游、灌排降解等功能于一体，生态环境质量一流、湖泊景观环境优美、资源开发利用合理的草原绿色湖泊，真正成为风景秀美、物产丰富、经济富裕的"塞外明珠"。

4.6.1　工程概况

工程地点：乌梁素海湖区

项目内容主要包括三大工程：乌梁素海湖区湿地治理及湖区水道疏浚工程、水生植物资源化综合处理工程、乌梁素海湖区底泥处置试验示范工程，总投资估算为 5.82 亿元。

4.6.2　工程内容

（1）乌梁素海湖区湿地治理及湖区水道疏浚工程

该工程包括西侧军分区农场湖区湿地治理及湖区水道疏浚工程、东

侧小海子湖区湿地治理及湖区水道疏浚工程。湖区湿地治理总面积为
6 766.7 hm²。湖区水道疏浚工程主要是在乌梁素海海堤内侧开挖主输水道，
垂直主输水道向湖区开挖支输水道，与湖区明水区实施的网格水道工程连
通。主输水道部分土方沿海堤内侧堆放，其余土方堆放在湖区设置的 8 个
堆砌场地。

（2）水生植物资源化综合处理工程

该工程分两期实施，第一期实施乌梁素海芦苇的收割、打包、储存，
第二期实施乌梁素海芦苇的资源化利用。一期工程年均收割、打包、储存
芦苇 6 万 t，3 年共收割、处理芦苇 18 万 t。二期工程的乌梁素海芦苇资源
化利用实施方案待编撰。

（3）乌梁素海湖区底泥处置试验示范工程

在乌梁素海湖区选择七作业区、小涅作业区作为示范区，面积约为
10 279 亩。采用微生物酵素修复及本土微生物驯化修复为核心工艺对内
源污染进行治理。建设内容包括水草减量化工程、松木桩围隔网、微生
物强化培养工程、微生物驯化工程、沉水植物优化工程、水生动物构建
工程、水务信息化工程。主要工程量为：水草收割 1 900 000 m²；投放草鱼
40 000 kg；累计使用复合酵素 1 116 t、微生物菌液 164 000 kg；种植沉水植
物 200 000 m²；构建水生动物工程 10 279 亩；建立水质自动监测站 4 座。

4.7　生态环境物联网建设与管理支撑

为准确掌握乌梁素海流域山水林田湖草各环境要素的生态状态，找到
解决污染防治的根本对策，建立全流域生态环境风险管控体系，亟须充分
运用物联网、大数据、云计算等信息化手段，构建生态环境物联网系统。
该系统将为完成中央生态环境保护督察交办的治理任务、打赢打好污染防
治攻坚战，实施山水林田湖草沙综合治理提供数据支撑和决策支持。

4.7.1　项目概况

生态环境物联网建设与管理支撑项目包括四个子项目：生态环境基础数据采集体系建设、生态环境传输网络系统建设、生态环境大数据平台建设和智慧生态环境管理体系建设，总投资估算为 1.62 亿元。

4.7.2　工程内容

（1）生态环境基础数据采集体系建设工程

该工程内容包括地表水质综合监测网络、地下水质综合监测网络、乌梁素海沿岸监测网络、农业面源污染监测网络，具体项目构成如下：

1）乌梁素海湖区生态天眼智慧监管项目

该项目建设内容包括：①前端高清视频监控系统，包括热成像双光谱重载云台摄像机、铁塔建设和租赁等；②传输系统，包括环保专网建设和通信线路租赁；③视频存储系统，满足 5 年的视频存储要求；④综合管理和共享平台系统，具备实时视频监控、回放、入侵报警、报警信息推送、远程控制等功能，并为其他系统共享开发提供视频接口；⑤以乌梁素海为主要研究对象，在重点调查乌梁素海湖内养殖业现状的基础上，初步建立乌梁素海主要水质指标的简单模拟模型，解析外源输入和养殖污染对乌梁素海总负荷的贡献，评估不同管理情景下主要水质指标的变化，提出水质管理建议。

该项目的具体工程为：在养殖区沿湖岸安装 4 个热成像双光谱重载云台摄像机，在乌毛计、乌梁素海东岸和西岸 3 个点位新建 3 座 25 m 高的监控铁塔，并进行乌毛计展厅的建设。

2）生态环境基础数据采集建设项目

本项目旨在补充和完善乌梁素海原有的水质自动监测体系，具体内容包括：新建 18 处水质自动监测站（11 处固定站，7 处浮船站）；改造

现有的 3 处浮标站，增加总磷、总氮、化学需氧量自动监测仪；在新建的
11 处固定站安装 33 个高清摄像机；在现有的 17 处和新建的 11 处固定站
安装超声波流量计，并对安装沟道进行整治；对新建和现有的固定站进行
标准化整治和文化建设，并建设绿色发展生态展厅。

3）工程物联网地下水监测网建设工程

该工程包括以下建设任务：完成工作区 70 眼地下水监测井的水文地
质钻探施工、孔口保护装置安装、工程测量等；完成 70 眼新建监测井地
下水位自动监测设备的安装、调试。

4）乌梁素海补排水及生态补水水文自动化测报系统建设工程

项目的主要建设任务包括：在河套灌区内的碾口、补隆淖、黄羊木
头、蓿亥、四分滩、东土城、西山嘴、沙盖补隆等 8 处水文站（共 26 个
监测断面），以及补排水（出入口）的黑水壕、金门、二牛湾（摩）、二牛
湾（羊）、大余太水库（入库二）、海流图等 6 处水文站（或监测断面）新
建自动化水位、流量监测及监控设施；建设 1 处中心站业务用房及附属工
程，并配备与水位、流量监测相关的自动化仪器设备；新建水文测控中心
1 处，组建软、硬件服务平台，最终实现乌梁素海流域内生态补水、补排
水（出入口）站点的水文自动化测报能力提升，具体内容包括：①乌梁素
海生态补水测报能力提升涉及的站点；②乌梁素海补排水（出入口）测报
能力提升涉及的站点；③水文测控服务中心建设。

5）农业面源污染监测系统建设工程

乌梁素海农业面源污染监测体系总体包括监测网络、数据采集和传输
系统、智慧管理平台、信息安全防护系统四部分，并预留农业面源污染预
警和决策数据模块接口。其中，农业面源污染监测网络由农田面源污染监
测站、畜禽养殖污染监测站、农村面源污染监测站和农田灌溉沟渠监测站
组成。数据采集和传输系统主要实现气象数据、水文数据和水质数据的采
集，以及基于物联网技术的数据实时传输，具体包括 4 个自动采集子系统
和 1 个数据传输系统。智慧管理平台包括数据存储中心、数据分析、可视

化服务和业务应用。

（2）生态环境传输网络系统建设工程

该项目对 18 个水质自动监测站进行生态环境数据传输网络建设。工程内容包括为每个站点至巴彦淖尔市生态环境局建设 1 条 50 M 的视频和数据传输专线。其中，7 个浮标站部署在湖区和湿地水域上，通过 4GVPN 形式进行数据传送。此外，还包括至生态环境大数据平台的 200 M 专线 1 条，生态环境大数据平台的 100 M 互联网专线 1 条，乌梁素海码头的视频监视 50 M 专线 1 条，以及预留的 2 条线路，待确定需求后再实施。在 24 条传输线路中，7 个浮标站采用 4GVPN 接入方案，其他站点均采用专线接入方案。

（3）生态环境大数据平台建设项目

1）采集生态环境数据，摸清资源生态环境家底

建立健全科学规范的资源生态环境统计调查制度，对乌梁素海流域所涵盖的旗（县、区）进行生态环境数据采集，建立"全数据"采集体系，摸清资源生态环境的"家底"及其变动情况，以提供精准、高效的监管服务。

2）实现试点工程相关治理工程项目的信息汇集与进度监管

采集试点工程的项目基础信息及进度信息，通过平台进行统一可视化展示，以直观监控项目进度。

3）建立大数据可视化平台，动态形成生态文明建设综合评价成果

加强资源生态环境大数据的综合应用和集成分析，建立全景式资源生态环境形势研判模式，动态形成乌梁素海流域所涵盖旗（县、区）的自然资源资产负债表编制、资源环境承载力评估、生态文明建设与绿色发展评估等决策支持成果。

4）构建乌梁素海治理决策模型平台，实现对乌梁素海流域水环境问题的精准治理

通过流域水模型分析，实时掌握乌梁素海流域水环境在时间和空间上

的变化，构建乌梁素海流域的水平衡、水动力、污染物扩散模型，分析各类污染源和各排干对湖区水质的影响，摸清水环境问题的成因，对相关治理项目的成效进行科学评估，提出优先控制区建议，助力乌梁素海水环境治理。

5）为打赢打好污染防治攻坚战提供"作战图"

落实《乌梁素海流域山水林田湖草生态保护修复试点工程实施方案》中的重点任务，分析乌梁素海流域的水质状况，说清"点源""面源""内源"的污染成因；建立"一田一档"，说清农业面源污染问题；通过"一张图"说清乌梁素海流域的水污染来源、水生态环境质量现状及其变化趋势、潜在的水生态环境风险，实现污染监管与生态环境质量改善的联动，为生态环境保护工作提供辅助决策支持，提升综合决策能力。

6）可视化服务平台

根据不同的服务对象提供定制化服务应用，包括服务于指挥决策的空间大屏、数据大屏，服务于业务监管人员的办公桌面，以及面向企业和公众用户的 Web 网站。在巴彦淖尔市生态环境局一楼建设了指挥中心及 LED 展示大屏系统。

7）生态环境部门网络安全系统

为贯彻落实公安部、国家保密局、国家密码管理局等国家有关部门对信息安全等级保护的要求，完善巴彦淖尔市生态环境局信息系统安全防护体系，提高信息安全防护水平，开展等级保护建设工作，对应用系统、管理制度等进行了分类，分析了测评结果与等级保护要求的差距，结合实际情况进行安全建设，提升信息系统等级保护符合性，将整个信息系统的安全状况提升到一个较高的水平，尽可能消除或降低信息系统的安全风险。

（4）智慧生态环境管理体系建设工程

1）数据资源中心

①数据目录。建立全面、翔实、准确的权威性智慧生态管理体系数据

资源中心。该中心将聚合集成与自然资源生态环境相关的各类数据，形成覆盖全市范围、涵盖地上地下、能够及时更新的空间现状数据集和空间规划数据集。这些数据集主要包括基础地理信息、高分辨率遥感影像、土地利用现状、矿产资源现状、地理国情普查、生态环境、基础地质、地质灾害与地质环境等现时状况，以及基本农田保护红线、生态保护红线、城市扩展边界、国土规划、土地利用总体规划、矿产资源规划、地质灾害防治规划等基础性、管控性规划。

通过梳理，形成"一张图"数据资源目录体系，厘清每一项数据的业务来源、生产和管理单位、业务使用场景，并以第三次全国国土调查成果为依据，整合自然资源生态所需的各类空间关联数据，形成一张坐标一致、边界吻合、上下贯通的底图。

②数据整合。智慧生态管理体系是基于山、水、林、田、湖等多个领域基础数据开展的数据集合。所有数据经统一整合处理后，采用 2000 国家大地坐标系，高斯－克吕格投影，1985 国家高程基准，高程单位为米。

数据整合（Data Consolidation）是一项复杂的系统工程，涉及多个应用系统、数据库管理系统，以及不同的数据结构、代码结构和业务指标口径，同时还涉及整合技术、整合软硬件环境的选择等，需要统一规划，逐步实施。

③数据建库。所有已处理、整合的数据按照统一的标准规范进行空间信息数据库的建设。使用统一的数据模型，采用面向对象的理论与方法，遵循"数据与应用分离"的原则，将空间图元（对象）作为自然资源基础信息的空间对象进行设计，包括对象实体模型、关系逻辑模型。通过构建对象实体模型，实现空间对象、现状信息、规划信息、管理信息的有序组织与存储；通过构建关系逻辑模型，实现对象的空间关系、业务关系和时态关系的建立。基于这些逻辑关系，将对象的现状、规划、管理的业务行为有机联系起来，为掌握山、水、林、田、湖、草各类自然资源的真实现状和国土空间的开发利用与变化状况提供数据基础，最终形成以"一张底

图"为基础，可层层叠加打开任意自然资源数据的空间数据中心。

④数据管理系统。数据库管理系统主要实现对多源异构数据的入库、管理，支撑成果系统的使用。该系统包括不同层次的自然资源数据，如元数据、基础地理数据、土地资源数据、矿产资源数据、地质环境数据等。针对不同数据的存储、维护、更新和应用特点，开发数据库管理系统，实现各类自然资源数据的输入、输出、维护和更新，以及数据产品的制作、制图、查询统计分析等功能，为各类自然资源调查评价、规划、业务管理等数据的一体化管理提供支持，为各应用系统提供数据任意组合与综合应用的数据集成环境，满足不同的应用需求。

2）国土空间生态保护与修复应用

①国土空间生态状况呈现系统。国土空间生态状况呈现系统依托乌梁素海流域综合治理监测中心的大屏展示系统，主要分为三类功能模块：第一类模块包含 12 个功能模块：生态区位展示功能、生态保护规划展示功能、生态保护红线展示功能、重要生态功能区展示功能、自然保护地展示功能、生态敏感性监测功能、生态系统构成展示功能、生态要素监测功能、生态系统质量展示功能、生态服务展示功能、生态系统格局展示功能、生态问题胁迫展示功能等，全面展示乌梁素海流域生态系统的整体状况；第二类模块是数据接口模块，包含数据导入接口和数据发布接口，对生态系统现状数据及监测分析评估数据等进行统一管理和展示；第三类模块是可视化界面模块，通过三维可视化展示和数据仪表盘展示，对乌梁素海流域生态系统的现状和发展规律及生态保护修复工程等进行立体化展示和直观呈现。

②国土空间生态状况监测服务。国土空间生态状况监测服务分为矿山监测、水体监测、林草监测、农田监测、湖沼监测、沙化监测、城建监测等 7 项生态状况监测业务，以卫星遥感影像数据为主，航空遥感数据、地区调查规划数据为辅进行生态要素监测。其中，卫星遥感影像数据在时间上覆盖 2018 年至 2020 年，在空间上覆盖乌梁素海流域全境。利用成熟、

先进的遥感影像信息提取手段，自动提取生态要素的真实分布信息，并对相关参数进行定量化精确反演，建立完善的生态要素监测、评价体系，反映生态要素现状，评价生态环境工程建设状况，并可形成现状分析报告，为生态建设提供预测性建议。整套服务流程设计完善、技术成熟，达到了行业内先进水平。

③国土空间生态状况评估服务。本评估服务利用获取的 2018—2020 年 3 年卫星遥感影像分辨率数据、自然资源调查数据和其他数据，依据生态系统结构指标和生态系统功能指标生产出 2018—2020 年 3 年乌梁素海流域生态状况的评价数据。生态系统结构指标包括林草地覆盖率、沙化土地面积比例、水域湿地面积比例、受保护区域面积比例、景观破碎化指数、景观连接度指数；生态系统功能指标包括植被指数、水体指数、荒漠化指数。

④项目管理与评价系统。项目管理与评价系统主要由三部分组成：项目管理、项目展示及项目评价。

项目管理主要管理项目、子项目及工程过程中的信息、资金、进度，以及用于项目展示的工程图片和生态成果图片。

项目展示主要展示项目、子项目以及 35 个工程的信息、进度、资金情况及生态成果图片。由于项目、工程内容不同，不同类型的项目或工程展示页面需要单独设计和处理。

项目评价根据项目特性设定评价内容、标准、分值及依据，通过打分及上传佐证材料确认评价得分，生成评价结果。

⑤专家服务系统。通过专家咨询服务支持系统，项目专家团队可以实时获取项目建设实施的相关情况，以及区域生态环境的数据和信息。在系统平台上，建立起了项目管理相关人员与专家团队之间高效咨询和反馈的双向信息沟通机制。

专家团队通过对信息的分析，判断生态环境的现状和变化趋势，通过定期或不定期的线上、线下咨询服务，为山水林田湖草生态保护修复工程提供技术支持，并为长期的生态保护修复工作提供决策支持。系统同时也是一个展示平台，能够在线展示项目专家团队的线下工作成果。

系统为专家团队提供脱敏后项目的自然资源生态数据与环境数据，相应地，专家团队利用这些即时信息，可以建立并验证相关的算法分析模型，为系统提供更好的指导服务，形成良性循环。在系统平台上，相关人员可以向专家团队提出问题，专家团队则针对这些问题提供专业解答和决策支持服务。

3）网络安全建设、信息安全建设、硬件建设

通过分析网络安全威胁、网络通信安全需求和信息安全保障的重要性，制定网络安全和信息安全建设方案，配置网络安全硬件设备，提升网络安全和信息安全水平。

4）标准规范体系建设

①法律制度体系。梳理国家和地方在土地、地质、测绘、森林、草原、水域等方面信息化相关的配套政策、制度和规范性文件，建立符合本项目建设的法规制度库。

②技术标准体系。按照本项目建设内容构成，梳理和总结数据管理、自然资源调查监测、生态保护修复成效评估、生态系统服务评价等方面的技术标准体系。

③质量管理体系。制定数据成果质量管控机制，包括对数据资源中心各项原始数据的获取、总体情况、数据来源构成、数据整合匹配等内容的分析，并对数据导入和数据整合过程中的质量校验进行规范化管理。

5）项目管理体系建设

项目建设的管理内容主要包括组织人员管理、质量管理、进度管理、风险管理、文档管理和范围管理等方面，这些管理内容贯穿项目的整个生命周期。

6）运行维护体系建设

运行维护体系的工作内容包括硬件设备维护和软件系统维护。

7）绿色发展专家（院士工作站）咨询平台建设

该平台为山水林田湖草沙项目提供全过程的技术咨询、全流域的绿色发展技术咨询和全域发展战略咨询。此外，平台还对项目阶段考核报告、中期评估报告和终期验收报告（由项目承担单位和项目过程管理单位编写）进行把关和提升。

平台依托河套学院专家和技术人员，在技术指导、模式创新、应用研究与示范等方面提供专业支持。

CHAPTER
FIVE

第 5 章　生态胁迫因子变化识别及效果分析

5.1　生态胁迫因子识别

　　乌梁素海流域是我国"两屏三带"生态安全战略格局中"北方防沙带"的重要组成部分，是有效阻止乌兰布和沙漠向东侵蚀、阻隔乌兰布和沙漠和库布其沙漠连通的重要关口，是黄河流域生物多样性较丰富的地区和国际候鸟迁徙的重要通道。

　　然而，受自然气候条件和人类活动的双重影响，乌梁素海流域的生态系统结构和功能损害严重、退化趋势明显，生态胁迫因子主要表现为水质恶化、水土流失与土壤盐渍化、湿地生态系统功能退化、水资源减少、土地沙化。鉴于乌梁素海流域特殊的地理位置和重要的生态功能，需要科学地选择生态保护修复工程项目，通过工程实施，系统治理流域生态环境问题，逐步减缓生态胁迫因子的影响，改善流域生态环境质量。

5.2   土地沙化胁迫因子变化

5.2.1   胁迫因子变化

乌梁素海东海岸每年流失近 0.5 cm 地表覆土，草场沙化加速，土地生产能力下降，极大程度上限制了农业的发展，严重影响了当地农业经济水平。每年洪水带入乌梁素海湖区的泥沙量为 10 万 m^3，导致湖区东岸泥沙淤积，水流不畅，湖底以 6～9 mm/a 的速度抬高，加速了湖区的沼泽化进程。由于土壤干旱情况迅速恶化、植被覆盖度低，在风季易引发沙尘暴天气，这不仅直接影响了河套平原地区的气候条件，还对各行各业的生产生活造成严重冲击，给当地人民带来巨大的经济损失，并危害其身体健康。乌梁素海东岸滨海牧区植被稀少、生态脆弱，再加上人类活动频繁，进一步加剧了土壤理化性质的改变和水土流失。

乌兰布和沙漠治理前后对比

5.2.2   修复成效

通过开展沙漠综合治理工程，恢复乌兰布和植被，在切实巩固沙区生态建设成果、不断改善沙区生态状况的基础上，构建了结构合理、自然协调、稳定健康的梭梭林生态系统，进一步加快了乌兰布和沙区肉苁蓉产业的发展步伐。到 2020 年建设任务完成后，乌兰布和严重沙化沙漠面积占比由 2017 年的 23.7% 下降到 21.8%，新增治理面积 48 209 亩。工程以提升"北方防风带生态功能"、减少进入黄河的泥沙量、保障黄河中下游水生态安全、推动乌梁素海流域生态环境持续改善、保障我国北方生态安全为目标，积极推进沙区现代农牧业、旅游业、道地药材、清洁能源等产业的发展，有效促进了当地企业效益提升及农牧民增收致富，实现了生态环境的良性循环发展。

5.3 水质恶化与湿地退化胁迫因子变化

5.3.1 胁迫因子变化

乌梁素海是河套地区的主要排水接纳区和污染物集中地。每年有大量污水通过排水沟进入乌梁素海。随着巴彦淖尔市工业化和城镇化进程加快，大量工业废水和生活污水未经处理直接排入乌梁素海。农业的快速发展使农产品产量大增，但也导致大量化肥和农药随着农田排水进入乌梁素海，加重了其环境负担。近年来，受气候变化、生态补水不足以及灌区的不合理开发等因素的综合影响，湿地生态功能退化，面积大幅萎缩，净化能力显著下降。

同时，水体富营养化程度不断加重，导致芦苇和沉水植物异常生长，其覆盖面积占到全湖的 72.7%。大量植物残体留在水体，造成二次污染；茂密的沉水植物还改变了湖区的水动力条件，加速了湖泊的淤积进程。过去，乌梁素海周边丰富的湿地资源在污染物拦截和水质净化方面发挥了重要作用，但如今由于上述因素，其生态功能已严重受损。

5.3.2　修复成效

　　河湖连通与生物多样性保护工程提升了沟道流通性，减少了入湖污染物负荷，改善了乌梁素海的生态环境，减少了洪涝灾害的发生，保护了当地居民生命财产安全。通过对排干沟水流流速、流量进行观测，并与往年的运行情况进行对比，进而进行工程效益分析。分析结果显示，沟道排水量明显加大，矿化度降低，水质明显好转。湖体水环境保护与修复工程是修复乌梁素海水生态环境、实现长效治理目标的治本之策，对维持乌梁素海湖泊湿地及流域的生态平衡，保护物种的多样性具有不可替代的作用。通过工程实施，改善了整个湖区的水流条件，缓解了湖体富营养化状态，抑制了芦苇和其他水生植物的继续蔓延，减缓了沼泽化进程，促进湖泊向良性发展，使乌梁素海形成和谐的生态系统。底泥处置工程实施后，底泥颜色大部分从黑色转化为黄色，无明显臭味，污染底泥上部 10 cm 以上的有机物削减 30%～50%，各个监测点的底泥总磷、总氮浓度削减率分别超过 30% 和 15%。

乌梁素海湿地环境

5.4 矿产资源开发

5.4.1 胁迫因子变化

乌梁素海流域矿产资源丰富，开采砂石活动活跃，许多矿山没有正规设计，无序开采、乱采乱挖现象严重，导致土壤植被及地形地貌景观遭到极大破坏，历史遗留的无主采坑矿山存在极为严重的地质环境问题，给当地生活和生产带来安全隐患。大量固体废物随意堆放，既占用土地资源、影响地貌景观，又加剧了当地沙尘天气，严重恶化了生态环境。此外，城乡基础设施建设中的采石活动，致使地形地貌景观遭到破坏，水土流失加剧，植被损毁，形成了崩塌地质灾害隐患。项目区内沟壑纵横，水文条件复杂，沟壑汇水面积大，易汇集较大流量水流，为泥石流创造了动力条件。废弃矿山的存在与经济建设及城市生态建设的要求极不协调。

5.4.2 修复成效

开展矿山地质环境综合整治工程，旨在解决因矿业开发遗留的地质环境问题，消除治理区内存在的地质灾害隐患，恢复或重塑治理区内的地形地貌景观，并改善附近居民的生产和生活环境。通过矿山地质灾害治理、矿山环境治理、矿山生态修复等措施，乌梁素海流域的生态环境得到了显著改善。特别是在乌拉山地区，通过地质环境、地质灾害整治和植被恢复等工程，受损山体的地质地貌得到修复，水源涵养功能得以提高，入湖污染物和泥沙量显著减少，湖体及其周边区域的生态环境质量也得到了明显改善。

5.5　围垦、捕捞等其他人类活动

5.5.1　胁迫因子变化

受自然地理条件和资源开发利用等因素影响，乌梁素海及其流域生态系统遭到严重损害，水域面积由中华人民共和国成立前的 135 万亩缩减至目前的 44 万亩，芦苇覆盖的湖面面积由不足 20% 增长到 50%。渔民过度捕捞，造成水生生物数量急剧下降，水生态平衡遭到破坏。由于芦苇价格低迷，村民倾向于切断水源、停止补水以恢复农业生产，导致湿地面积逐渐减少，鸟类栖息地也随之缩减。此外，周边耕地不断向湿地滩涂扩张，用于农业生产，进一步压缩了湿地面积和野生动物的生存空间，对分布在该区域的哺乳动物、两栖类和鸟类的生存造成了严重影响。

5.5.2　修复成效

河湖连通与生物多样性保护工程提升了沟道流通性，减少了入湖污染物负荷，保护了乌梁素海生态环境，减少了洪涝灾害，保护了当地居民生命财产安全。种植业结构调整项目优化了河套灌区农作物种植结构，为农业面源污染治理创造了条件，乌梁素海综合营养指数有所下降，水质得到改善。此外，整县推进畜禽粪污资源化利用，逐步实现农业废弃物综合利用目标。新建的 8 座污水处理站及其配套设施有效解决了村镇生活污水就地渗漏和直排入河等问题，避免了对乌梁素海和地下水的污染，提升了居民生活质量和村镇形象。总之，该项目通过对农村生活污水、生活垃圾、畜禽养殖废水、农业面源污染及城镇生活污水的综合治理，大幅削减了污染物排放，有效遏制了重污染产业的排污总量，同时推动了产业结构调整。

第6章 生态系统格局优化情况

6.1 生态景观格局变化

6.1.1 指数选取

  景观格局通常是指景观的空间结构特征，是自然或人为形成的，大小、形状各异且排列不同的景观镶嵌体在景观空间的分布。它既是景观异质性的具体表现，也是包括干扰在内的各种生态过程在不同尺度上作用的结果。景观格局及其变化反映了自然和人为因素相互作用下区域生态环境体系的综合特征。景观格局指数是景观格局分析的主要手段，能够高度浓缩景观格局信息，反映其结构组成和空间配置特征，定量表达景观格局与生态过程之间的关联性，是景观生态学中广泛使用的定量研究方法。

根据评估对象特征与评估内容，在景观水平上选取斑块数量（NP）、斑块密度（PD）、斑块面积百分比（PLAND）、最大斑块指数（LPI）、连通度指数（COHESION）、Shannon-Wiener 多样性指数（SHDI）、Shannon-Wiener 均匀度指数（SHEI）和聚集度指数（AI）共 8 项指标，对乌梁素海流域景观格局变化进行分析，具体见表 6-1。

表 6-1　生态景观格局变化指数选取

指标名称	公式	土地利用类型景观指数	整体层面景观指数
NP		√	√
PD	$PD = \dfrac{n_i}{S} \times 1\,000\,000$	√	√
PLAND	$PLAND = \dfrac{\sum\limits_{j=1}^{n} a_{ij}}{A} \times 100$	√	
LPI	$LPI = \dfrac{a_{\max}}{A} \times 100$	√	√
COHESION	$COHESION = \left[1 - \dfrac{\sum\limits_{i=1}^{m}\sum\limits_{j=1}^{n} P_{ij}}{\sum\limits_{i=1}^{m}\sum\limits_{j=1}^{n} P_{ij}\sqrt{a_{ij}}} \right]\left[1 - \dfrac{1}{\sqrt{A}} \right]^{-1} \times 100$		√
SHDI	$SHDI = -\sum\limits_{i=1}^{m}\left(p_i \ln p_i \right)$		√
SHEI	$SHEI = \dfrac{-\sum\limits_{i=1}^{m}\left(p_i \ln p_i \right)}{\ln m}$		√
AI	$AI = \left[\dfrac{g_{ii}}{\max \to g_{ii}} \right](100)$	√	√

NP 表示斑块的个数，或者某一类景观斑块的个数，数值越大，表示破碎度越高。

PD 表示某种斑块在景观中的密度，可反映出景观整体的异质性与破碎度以及某一类型的破碎化程度，反映景观单位面积上的异质性。

$$PD = \frac{n_i}{S} \times 1\,000\,000 \qquad (6-1)$$

式中：PD——斑块密度，个 /hm²；

　　　　n_i——各景观单元内的斑块数目；

　　　　S——各景观单元面积，m²。

PLAND 即各种类型地类占总面积的比例，比值接近于 0 时，表示景观中该斑块类型减少；比值等于 100 时，表示整个景观只由一类斑块构成。

$$PLAND = \frac{\sum_{j=1}^{n} a_{ij}}{A} \times 100 \qquad (6-2)$$

式中：a_{ij}——第 i 类景观类型中第 j 个斑块的面积，m²；

　　　　A——景观的总面积，hm²。

LPI 用于确定景观中的优势斑块类型，间接反映人类活动干扰的方向和大小。

$$LPI = \frac{a_{max}}{A} \times 100 \qquad (6-3)$$

式中：a_{max}——景观或某一种斑块类型中最大斑块的面积，m²。

COHESION 反映斑块在景观中的聚集和分散状态。

$$COHESION = \left[1 - \frac{\sum_{i=1}^{m}\sum_{j=1}^{n} P_{ij}}{\sum_{i=1}^{m}\sum_{j=1}^{n} P_{ij}\sqrt{a_{ij}}} \right] \left[1 - \frac{1}{\sqrt{A}} \right]^{-1} \times 100 \qquad (6-4)$$

式中：P_{ij}——斑块的周长，m；

   A——景观内的斑块总数；

   m——景观中斑块类型的总数。

SHDI 反映景观异质性，SHDI 增大，说明斑块类型增加或各斑块类型在景观中呈均衡化趋势分布。

$$SHDI = -\sum_{i=1}^{m}\left(p_i \times \ln p_i\right) \tag{6-5}$$

式中：p_i——斑块类型 i 占整个景观的面积比。

SHEI 反映景观中斑块的均匀程度，越趋近 1 表明各斑块类型分布越均匀。

$$SHEI = \frac{-\sum_{i=1}^{m}\left(p_i \times \ln p_i\right)}{\ln m} \tag{6-6}$$

AI 反映每一种景观类型斑块间的连通性，取值越小，表示景观越离散。

$$AI = \left[\frac{g_{ii}}{\max \to g_{ii}}\right](100) \tag{6-7}$$

式中：g_{ii}——相应景观类型的相似邻接斑块数量。

6.1.2　土地利用类型景观指数变化

基于景观生态层面，选取 NP、PD、LPI、AI 与 PLAND 5 个指数对乌梁素海流域进行分析。由表 6-2 分析可得，与 2018 年相比，2021 年耕地斑块数量和密度增加，斑块面积百分比上升，最大斑块指数和聚集度指数下降，说明耕地面积与破碎化程度增加。种植园用地斑块数量减少、密度减小，斑块面积百分比下降，最大斑块指数上升，聚集度指数下降。

林地斑块数量和密度明显增加，最大斑块指数和斑块面积百分比明显上升，聚集度指数下降。结合土地利用数据可得，2021年林地面积较2018年明显增加，表明工程实施促进了林地面积与斑块数量的增加。

草地斑块数量和密度明显增加，但斑块面积百分比下降，最大斑块指数和聚集度指数减小，说明草地破碎化程度加剧。结合2018年与2021年的土地利用数据可知，大量草地转化为林地，导致草地斑块数量和密度增加。

湿地斑块数量和密度明显降低，斑块面积百分比明显下降，最大斑块指数减小，聚集度指数轻微下降，说明湿地破碎化程度降低。结合土地利用数据可知，乌梁素海流域湿地面积减少，但水域面积增加，表明工程实施促使湿地转化为湖体。建设用地的斑块数量和密度明显增加，斑块面积百分比上升，但最大斑块指数和聚集度指数下降。水域及水利设施用地的斑块数量明显增加，斑块面积百分比明显上升，最大斑块指数增加，聚集度指数下降，结合土地利用数据可知，乌梁素海流域湿地数量减少但湖体面积增加，工程实施促进了湖体的扩展（表6-2）。

6.1.3　整体层面景观指数变化

对乌梁素海流域景观整体水平，选取NP、PD、LPI、COHESION、SHDI、SHEI与AI 7个指数进行分析。由表6-3分析可得，2021年较2018年，区域整体斑块数量和密度明显增加，其中斑块数量增加了672 752个，斑块密度平均每100 hm² 增加了41.78个，表明区域内景观破碎化程度加剧。但区域整体连通度指数仅下降0.04%，同时Shannon-Wiener多样性指数与Shannon-Wiener均匀度指数减小，表明区域斑块均匀度降低。

表 6-2　2021 年与 2018 年生态系统景观格局指数对比

土地利用类型	NP/个		PD/（个/100 hm²）		LPI/%		AI/%		PLAND/%	
	2018 年	2021 年	2018 年	2021 年	2018 年	2021 年	2018 年	2021 年	2018 年	2021 年
耕地	9 048	12 221	0.561 4	0.758 9	6.111 7	5.753 3	92.688 7	86.814 2	43.037 7	48.794 8
种植园用地	2 491	2 013	0.154 6	0.125	0.003 6	0.007 2	74.809 8	70.735 7	0.298 1	0.193
林地	9 508	41 677	0.59	2.588	0.980 6	3.080 8	89.153 6	83.298 9	5.124 1	8.752 3
草地	8 347	72 096	0.517 9	4.476 8	8.354 7	5.249 1	94.755 5	86.343 5	22.284 9	19.757 8
湿地	6 552	567	0.406 6	0.035 2	0.895 8	0.038 8	89.668 2	88.241 8	3.588 4	0.434 9
建设用地	27 989	273 743	1.736 8	16.998 2	1.421 9	0.758 9	80.999 5	55.391 9	6.096 8	6.850 1
水域及水利设施用地	17 711	342 733	1.099	21.282 2	1.356	2.487 6	76.771 2	56.905 4	5.362	8.918 7
其他用地	36 048	45 396	2.236 8	2.818 9	1.891 5	0.620 5	86.724 7	80.118 3	14.208	6.298 5

表 6-3　2021 年与 2018 年生态系统景观格局指数变化

景观格局指数名称	缩写	单位	2018 年	2021 年	变化率/%
斑块密度	PD	个/100 hm²	7.303 1	49.083 1	572.09
斑块数量	NP	个	117 694	790 446	571.61
最大斑块指数	LPI	%	8.354 7	5.753 3	−31.14
连通度指数	COHESION	%	99.582	99.540 5	−0.04
Shannon-Wiener 多样性指数	SHDI		1.591 1	1.492 8	−6.18
Shannon-Wiener 均匀度指数	SHEI		0.765 1	0.717 9	−6.17
聚集度指数	AI	%	90.392 9	81.147 1	−10.23

结合土地利用数据可知，沙漠综合治理工程和矿山地质环境综合整治工程增加了林地面积，河湖连通与生物多样性保护工程及乌梁素海湖体水环境保护与修复工程增加了水域面积。此外，水土保持与植被修复工程促进了乌梁素海周边造林绿化、乌拉山林业生态修复及草原生态修复，使林业面积和水域面积增加。这些工程实施促进了区域斑块密度和数量增加，因此，区域聚集度指数降低，Shannon-Wiener 多样性指数与均匀度指数相对下降。

6.2　生态网络构建与生态廊道连通情况

区域生态工程的实施进一步优化了以河湖连通灌排体系为主的生态格局。植被恢复工程进一步提升了区域生境质量，形成了生态型防护网络。骨干排沟清障疏浚等工程在一定程度上修复了生态断裂点，增强了水系的连通性。

6.2.1　乌兰布和沙漠综合治理区连通度增加

在流域西部的乌兰布和沙漠综合治理区，生态工程以防沙治沙和生态修复为主。通过种植梭梭林、柠条等树种，开展新造林及林地补植补造，并辅以引水工程保障生态需水，林地面积增加，沙地面积减少，区域景观多样性得到提升。这些措施有效沟通了林地和草地等生态系统之间的联系，提高了区域的生态连通性、复杂性和生境质量。

6.2.2　河湖连通灌排体系构建

乌梁素海流域基本形成了河湖连通灌排体系。河套灌区水系生态保护网区域的生态工程以增强水系连通性和生物多样性为目标，构建了水网连通的生态网络。骨干排沟清障疏浚工程有效改善了水质，增加了水体流动性，修复了生态断裂点，增强了干渠之间以及干渠与旁侧湿地的连通性。在乌梁素海与八排干、九排干、十排干的连接地带，通过修复自然湿地以及构建人工湿地等生态调节区域，净化了入湖水体，建立了以水体流动及水体质量保障为主的生态廊道，进一步优化了生态格局。此外，乌梁素海流域生态补水通道整治及配套建筑工程的建设，有力提升了河湖水系的连通性。

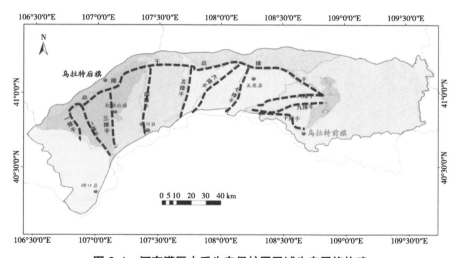

图 6-1　河套灌区水系生态保护网区域生态网络构建

6.2.3　草原生态型防护网络初步形成

阿拉奔草原水土保持与植被修复区以实施水土保持与植被修复工程为主，通过恢复森林、草原等生态系统，提升了生态系统的复杂性和多样性，减轻了生态系统的脆弱性，扩大了生态源地区域，进一步优化了生态网络。在乌拉特前旗乌拉山南北麓，通过种植经济林木，飞播花棒、杨柴、籽蒿等措施，优化了区域森林树种结构，增加了区域森林植被面积，提高了植被覆盖率，形成了生态型防护网络，生态质量稳步提升。在乌梁素海东海岸，通过灌草植物播种、封育辅助、草原植被养护，以及配套工程的实施，草原生态修复面积显著增加，生态系统复杂性进一步提升。此外，乌兰布和沙漠综合治理区的草地面积明显增加，沙漠化治理成效显著。

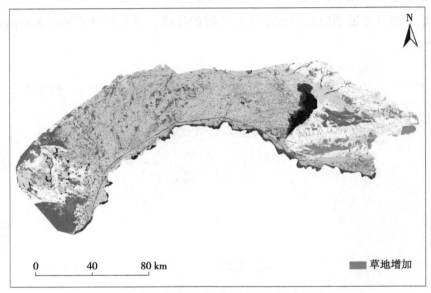

图 6-2　乌梁素海流域草地增加区域分布

6.2.4　湖区水体连通性有效提升

乌梁素海水生态修复与生物多样性保护区以水环境保护和修复为重点。通过对西侧湖区湿地的治理，连通了南北输水通道，使水体流动更加顺畅，加快了水体中污染物的扩散和稀释，形成了以湖区为主体、输水道为框架的水生态廊道。在东侧湖区湿地的治理中，通过建设网格水道工程，提升了水流速度，有效连接了坝湾区生态过渡带、小海子湖区、一二输水道及小洼区、二点景区、东大滩各芦苇淤堵区、坝头输水渠及海壕明水面、小洼明水面及网格水道区，显著提升了湖区水体的连通性。2018—2021 年，湖区北部水域面积明显增加，进一步增强了水域的连通性。

6.2.5　河套灌区农作物种植结构优化

环乌梁素海生态保护带区域以实施农业面源与城镇点源污染治理工程为主。通过种植业结构调整项目，优化了河套灌区农作物种植结构；通过增施有机肥及耕地深松项目，有效打破了犁底层，提升了保水增产效果，进一步提高了耕地质量，优化了生态格局，增强了生态产品供应潜力。

6.2.6　乌拉山生态空间得以拓展

矿业开发活动往往引发地质灾害，影响含水层和地形地貌景观，并占用、破坏土地资源。为此，乌拉山水源涵养与地质环境综合治理区以矿山修复工程为重点。乌拉山北麓铁矿区矿山地质环境治理项目及乌拉山南侧废弃砂石坑矿山地质环境治理项目，通过清除危岩体、整平土地、自然恢复植被等工程措施，有效提高了林草植被覆盖度，扩大了生态用地面积，优化了生态空间格局，一定程度上改善了区域土壤的涵养能力，减少了水土流失，控制了扬沙扬尘，消除了次生地质灾害隐患，强化了乌拉山等区域的生态功能。此外，乌拉山小庙子沟崩塌、泥石流地质灾害治理工程通过植被恢复、栽设柴草沙障等措施，有效消除了区域内的地质灾害隐患，扩大了生态用地范围，进一步优化了生态格局。

第7章 生态系统功能变化和生物多样性保护

7.1 生态系统服务功能变化

7.1.1 水源涵养功能

（1）水源涵养功能评估方法

通过水量平衡方程来计算水源涵养能力，公式为

$$TQ = \sum_{i=1}^{j}\left(P_i - R_i - ET_i\right) \times A_i \times 10^{-3} \tag{7-1}$$

式中：TQ——水源涵养能力，m^3；

$\qquad$ P_i——多年平均降水量，mm；

$\qquad$ R_i——多年平均地表径流量，mm；

$\qquad$ ET_i——多年平均蒸散发量，mm；

A_i——第 i 类生态系统面积，km²；

i——评估区第 i 类生态系统类型；

j——评估区生态系统类型数。

（2）水源涵养功能变化

空间分布。如图 7-1 所示，乌梁素海流域水源涵养功能在 2018 年和 2021 年具有相似的空间分布形态。整体上，由于研究区位于我国北方干旱

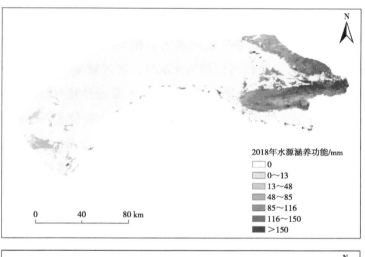

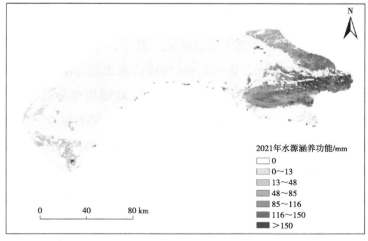

图 7-1　2018 年和 2021 年水源涵养功能空间分布

半干旱地区，降水稀少，且蒸发强烈，因此大部分地区不具备水源涵养功能，植被生长所需的水分主要依赖灌溉用水补充。具体来看，研究区的西部地区水源涵养功能较弱；而在东部海拔较高的山地地区，水源涵养功能处于较高水平。

水源涵养不同等级区域面积占比。对 2018 年和 2021 年生态工程实施前后的水源涵养功能进行分等级面积统计，结果显示：2018 年，水源涵养功能为 0 值的区域面积占比约为 77.90%。依据水量平衡方程，该区域的降水量在转化为蒸散量及地表径流量后，未能形成有效的水源涵养，这与该区域的降水、蒸发等气象因素密切相关。单位面积水源涵养量为 0～13 mm 深度的区域面积占比约为 1.00%，该区域主要位于研究区的西部边缘地区，部分地区为沙漠，蒸发强烈，水源涵养能力较弱。水源涵养量在 13～48 mm 深度的区域占总面积的 3.19%，主要位于西部磴口县的西南边缘地区。水源涵养量在 48～85 mm 深度的区域占总面积的 4.22%，主要位于研究区的东北部。水源涵养量在 85～116 mm 深度的区域面积占比为 5.55%，空间上与 48～85 mm 深度的区域相毗邻。水源涵养深度大于 116 mm 的区域面积约占总面积的 6.55%，主要位于乌拉特前旗、乌梁素海流域的东部边缘地区。

水源涵养不同等级区域面积变化。与 2018 年相比，2021 年水源涵养量在数量及空间分布上发生了部分变化。其中，水源涵养功能为 0 的区域面积占比上升为 78.74%。0～13 mm 深度的水源涵养能力区域面积占比为 1.14%，13～48 mm 深度的水源涵养能力区域面积提升至 3.22%。水源涵养深度为 48～85 mm 及 85～116 mm 的区域面积略有减少，分别缩减为 3.68% 和 5.10%。水源涵养深度大于 116 mm 的区域面积占比为 6.46%。

水源涵养功能变化。2018 年，区域平均水源涵养深度为 19.08 mm，水源涵养总量为 3.10 亿 m³；2021 年，平均水源涵养深度为 18.21 mm，总量为 2.96 亿 m³。水源涵养功能变化在空间上具有一定的异质性，功能增加和减少的区域主要集中在研究区西部和东部地区。大部分区域水源涵养功能基本维持稳定，增加区域主要集中在研究区西部的乌兰布和沙漠综合治理区，以及东部的乌拉山水源涵养与地质环境综合治理区中乌拉山沿线及乌拉山北麓部分区域和阿拉奔草原水土保持与植被修复区的部分地区，呈连片增加态势；水源涵养功能减少的区域分布相对分散（图 7-2）。

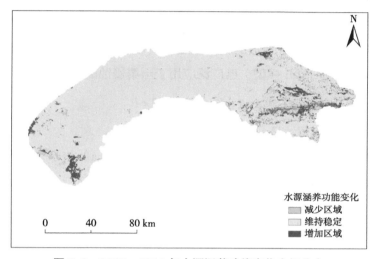

图 7-2　2018—2021 年水源涵养功能变化空间分布

　　水源涵养功能变化小区域分析。以阿拉奔草原水土保持与植被修复区为例，水源涵养增加区域呈连片分布，主要位于研究区的西北角及中部地区，该区域有大面积的未利用土地转变为林地和草地等，生态用地、生态工程的实施使林地面积大幅提升。

　　综上，水源涵养功能主要集中在西部的乌兰布和沙漠综合治理区，以及东部的阿拉奔草原水土保持与植被修复区和乌拉山水源涵养与地质环境综合治理区。2018 年区域平均水源涵养深度为 19.08 mm，水源涵养总量为 3.10 亿 m^3；2021 年分别为 18.21 mm 和 2.96 亿 m^3。功能增加区域主要集中在研究区西部的乌兰布和沙漠综合治理区，以及乌拉山水源涵养与地质环境综合治理区中乌拉山沿线以及北麓地区，功能减少区域的分布相对比较分散。

7.1.2 土壤保持功能

（1）土壤保持功能评估方法

自然界中的土壤在降水等水力作用下会发生侵蚀现象，植被则在一定程度上能够通过截留降水，减少降水对地面土壤的直接冲刷，从而发挥土壤保持的功能。一般土壤侵蚀受到多个因子的综合影响，包括降雨的侵蚀作用、土壤的可蚀性、地形的坡长坡度、植被覆盖度及管理措施等。通用土壤流失方程（USLE 模型）已广泛应用于土壤侵蚀的评估和计算中：

$$A=R \times K \times L \times S \times C \times P \tag{7-2}$$

式中：A——土壤侵蚀量，t/（$hm^2 \cdot a$）；

R——降雨侵蚀力因子，$MJ \cdot mm$/（$hm^2 \cdot h \cdot a$）；

K——土壤可蚀性因子，（$t \cdot hm^2 \cdot h$）/（$hm^2 \cdot MJ \cdot mm$）；

L——坡长因子；

S——坡度因子；

C——植被覆盖因子；

P——水土保持因子。

土壤保持功能可以表示为当前土地覆被的实际土壤侵蚀量与裸地的潜在土壤侵蚀量的差值。因此，土壤保持功能（B）的计算公式为

$$B=R \times K \times L \times S \times (1-C \times P) \tag{7-3}$$

降雨侵蚀力因子（R）可以通过 Wisohmeier 提出的降雨侵蚀力简化算法计算得到：

$$R=\sum_{i=1}^{12} 1.735 \times 10^{\left(1.51\lg\frac{pre_i}{pre}-0.8188\right)} \tag{7-4}$$

式中：R——降雨侵蚀力因子，$MJ \cdot mm$/（$hm^2 \cdot h \cdot a$）；

pre_i——逐月降水量，mm；

pre——年降水量，mm。

土壤可蚀性因子（K）主要受土壤质地和土壤有机质含量的影响，其计算公式为

$$K=\left\{0.2+0.3e^{\left[-0.025\,6S_a\left(1-\frac{S_i}{100}\right)\right]}\right\}\left[\frac{S_i}{(C_i+S_i)}\right]^{0.3}$$

$$\left[1.0-\frac{0.25C}{C+e^{(3.72+2.95C)}}\right] \quad\quad（7-5）$$

$$\left\{1.0-\frac{0.7\left(1-\frac{S_a}{100}\right)}{\left(1-\frac{S_a}{100}\right)+e^{\left[-5.51+22.91-\left(\frac{S_a}{100}\right)\right]}}\right\}$$

式中：S_a——土壤砂粒含量；

S_i——土壤粉粒含量；

C_i——土壤黏粒含量；

C——土壤有机质含量。

L 和 S 分别为坡长因子和坡度因子，表示地表形态对土壤侵蚀的影响，可由以下公式计算得到：

$$L=\left(\lambda/22.1\right)^{m} \quad\quad（7-6）$$

式中：λ——坡长，m；

m——坡度指数，其取值与坡度（θ）相关，具体如下：

$$m=0.2,\ \theta\leqslant1°$$
$$m=0.3,\ 1°<\theta\leqslant3°$$
$$m=0.4,\ 3°\leqslant\theta\leqslant5°$$
$$m=0.5,\ \theta>5°$$

$$S=\begin{cases}10.8\sin\theta+0.03,\ \theta<5°\\16.8\sin\theta-0.50,\ 5°\leqslant\theta\leqslant10°\\21.9\sin\theta-0.96,\ \theta>10°\end{cases} \quad\quad（7-7）$$

基于区域 DEM 数据，通过填洼处理，可以提取区域的坡度数据。

植被覆盖因子（C），可以依据植被覆盖度（f）反演得到：

$$C = \begin{cases} 1 & f = 0 \\ 0.650\,8 - 0.343\,6\lg f & 0 < f \leqslant 78.3\% \\ 0 & f > 78.3\% \end{cases} \quad (7\text{-}8)$$

其中，f 的计算公式为

$$f = \frac{\text{NDVI} - \text{NDVI}_{\min}}{\text{NDVI}_{\max} - \text{NDVI}_{\min}} \quad (7\text{-}9)$$

式中：NDVI——归一化植被指数；

NDVI$_{\max}$ 和 NDVI$_{\min}$ 分别为区域内的最大和最小 NDVI 值。

水土保持因子（P）可以依据土地覆被类型赋予不同的值。

（2）土壤保持功能变化

土壤保持强度空间分布。如图 7-3、图 7-4 所示，土壤保持功能在空间上整体表现为低值，大部分区域的土壤保持强度低于 252 t/hm²。高值区域位于研究区东部的乌拉山水源涵养与地质环境综合治理区，其中乌拉山地区的土壤保持强度值最高。

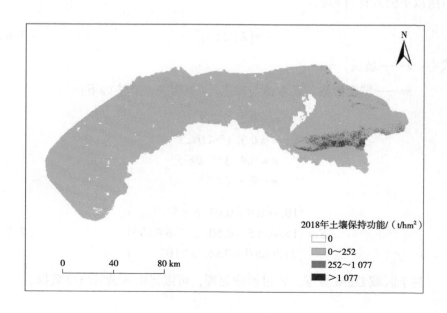

2018年土壤保持功能/（t/hm²）
□ 0
▨ 0～252
▨ 252～1 077
■ >1 077

0   40   80 km

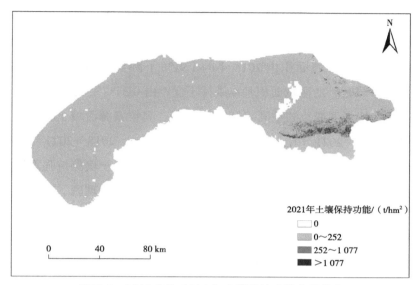

图 7-3　2018 年和 2021 年土壤保持功能空间分布

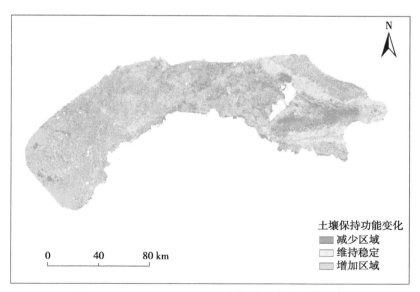

图 7-4　2018—2021 年土壤保持功能变化空间分布

　　土壤保持强度等级面积变化。从不同等级土壤保持强度所占区域面积来看，不具备土壤保持功能的区域面积略有增加，由 10.37% 上升至

13.96%，主要与区域建设用地的扩张有关；土壤保持强度小于 252 t/hm^2 的区域面积有所下降，由 84.30% 降低至 80.73%；土壤保持强度介于 252 t/hm^2 和 1 077 t/hm^2 的区域面积由 2018 年的 1.91% 下降至 1.80%；土壤保持强度高于 1 077 t/hm^2 的区域面积基本维持不变，由 0.37% 变为 0.36%。

土壤保持强度变化的空间差异。2018 年，乌梁素海流域土壤保持强度为 21.15 t/hm^2，2021 年土壤保持强度为 20.40 t/hm^2。2018—2021 年，土壤保持强度变化在空间上表现出明显的差异性。其中，土壤保持强度增加的区域主要集中分布于研究区西部的乌兰布和沙漠综合治理区、东北部边缘（阿拉奔草原水土保持与植被修复区东北边缘），在河套灌区水系生态保护网、环乌梁素海生态保护带等区域分布较为分散；土壤保持强度减小的区域集中在乌拉山水源涵养与地质环境综合治理区北侧地区，乌梁素海西部的广大地区也有部分零散分布。强度减小的原因主要与气候变化引起的部分地区植被退化有关。

土壤保持强度变化的小区域分析。以阿拉奔草原水土保持与植被修复区为例，研究区整体土壤保持强度由 2018 年的 16.77 t/hm^2 增加至 17.40 t/hm^2，土壤保持功能有所增强。空间上，增加和减少的区域分布零散且相互交错。

综上，土壤保持强度的高值区域位于研究区东部的乌拉山水源涵养与地质环境综合治理区。2018 年，乌梁素海流域土壤保持强度为 21.15 t/hm^2，土壤保持总量为 0.34 亿 t；2021 年，土壤保持强度为 20.40 t/hm^2，土壤保持总量约为 0.33 亿 t。土壤保持强度增加的区域主要位于乌兰布和沙漠综合治理区和阿拉奔草原水土保持与植被修复区；土壤保持强度减小的连片分布区域位于乌拉山水源涵养与地质环境综合治理区。

7.1.3　防风固沙功能

（1）防风固沙功能指数评估方法

防风固沙功能指数表示评价区植被抵抗风力侵蚀的能力。防风固沙指

数（$Q_风$）的计算公式为

$$Q_风 = \frac{\sum_{i=1}^{n} Q_{风i}}{n} \qquad (7\text{-}10)$$

式中：$Q_风$——防风固沙指数；

$Q_{风i}$——像元的防风固沙指数；

n——评价区内像元数，个。

像元的防风固沙指数（$Q_{风i}$）的计算公式为

$$Q_{风i} = 100 \times \left(0.5 \times \frac{\text{NDVI}_i - 0.05}{0.70} + 0.5 \times \frac{\text{NPP}_i}{\text{NPP}_{max}} \right) \qquad (7\text{-}11)$$

式中：NDVI_i——评价年全年像元归一化差值植被指数最大值；

NPP_i——评价年全年像元植被净初级生产力累积值；

NPP_{max}——评价区内最好气象条件下的植被净初级生产力，选取近
5 年 NPP 累积值最大值。

（2）防风固沙指数评估结果

2018 年的防风固沙指数为 77.29，而 2021 年为 68.54，该地区的防风
固沙能力有所下降，同比下降 11%（表 7-1）。

表 7-1　2018 年和 2021 年防风固沙指数

年份	防风固沙指数
2018	77.29
2021	68.54

（3）防风固沙指数空间分布格局

乌梁素海流域整体防风固沙指数较高，高值区域主要分布于乌兰布和
沙漠综合治理区、河套灌区水系生态保护网和环乌梁素海生态保护带。此
外，在阿拉奔草原水土保持与植被修复区中部和乌拉山水源涵养与地质环
境综合治理区南部地区也有高值分布；低值区集中在阿拉奔草原东北部及
乌拉山水源涵养与地质环境综合治理区的北部。

（4）防风固沙指数变化的空间格局

由空间分布（图7-5）可知，乌梁素海流域防风固沙能力处于较高的水平，但2018—2021年的整体防风固沙能力呈下降趋势，主要集中于中

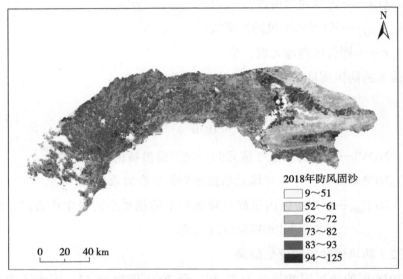

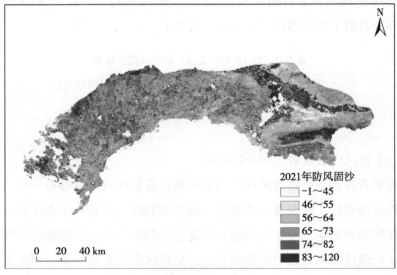

图7-5　防风固沙指数空间分布

部区域。这可能与这些地区的植被变化有关,中部区域主要为耕地,受相关作物的影响,防风固沙的表征值会出现波动。修复区内实施了大量的生态修复工程,如乌兰布和沙漠综合治理、阿拉奔水土保持和植被修复,通过植树造林等工程增加林草面积,提升防风固沙能力。由于工程实施的年限较短,其在防风固沙方面的生态效益暂未体现,亟须对工程区进行持续监测,跟踪评估该区域的防风固沙能力。防风固沙指数增加的区域主要集中于阿拉奔草原水土保持与植被修复区东北边缘,以及乌拉山水源涵养与地质环境综合治理区的东北部。

综上,防风固沙指数整体表现为高值,低值主要分布于阿拉奔草原东北部及乌拉山水源涵养与地质环境综合治理区的北部。2018 年的防风固沙指数为 77.29,2021 年为 68.54。防风固沙指数减小的区域广泛分布于湖区西侧地区,增加的区域主要集中在阿拉奔草原水土保持与植被修复区东北边缘,以及乌拉山水源涵养与地质环境综合治理区的东北部。

7.1.4 小结

水源涵养功能:水源涵养功能集中在西部的乌兰布和沙漠综合治理区,以及东部的阿拉奔草原水土保持与植被修复区和乌拉山水源涵养与地质环境综合治理区。2018 年,区域平均水源涵养深度为 19.08 mm,水源涵养总量为 3.10 亿 m^3;2021 年,区域平均水源涵养深度为 18.21 mm,水源涵养总量为 2.96 亿 m^3。功能增加的区域主要集中在研究区西部的乌兰布和沙漠综合治理区、乌拉山水源涵养与地质环境综合治理区中乌拉山沿线及北麓地区,减少区域的分布相对分散。

土壤保持功能:土壤保持强度的高值区域位于研究区东部的乌拉山水源涵养与地质环境综合治理区。2018 年,乌梁素海流域土壤保持强度为 21.15 t/hm²,土壤保持总量为 0.34 亿 t;2021 年,土壤保持强度为 20.40 t/hm²,土壤保持总量约 0.33 亿 t。土壤保持强度增加的区域主要是乌兰布和沙漠综合治理区、阿拉奔草原水土保持与植被修复区；土壤保持强度减小的连片分布区域在乌拉山水源涵养与地质环境综合治理区。

防风固沙功能：防风固沙指数整体表现为高值，低值主要分布于阿拉奔草原东北部及乌拉山水源涵养与地质环境综合治理区的北部。2018年的防风固沙指数为77.29，2021年为68.54。防风固沙指数减小的区域广泛分布于湖区西侧地区，增加的区域主要集中在阿拉奔草原水土保持与植被修复区东北边缘，以及乌拉山水源涵养与地质环境综合治理区的东北部。

7.2 生态产品供给能力变化

乌梁素海流域以耕地和草地用地类型为主，以2021年为例，耕地面积占比约48.80%，草地面积占比约为19.76%，两者总和约占研究区总面积的68.56%。本书重点评估该流域的粮食供给和草地产草量两项生态产品供给能力。

7.2.1 粮食供给

乌梁素海流域耕地分布广泛。在山水林田湖草生态保护修复工程实施过程中，开展了部分农业面源与城镇污染治理工程，耕地质量得到提升。粮食供给能力是该流域重要的生态产品供给能力之一。

（1）评估方法

NDVI（归一化植被指数）能够有效反映区域植被、农作物的生长状况，因此被广泛应用于粮食产量评估中。本研究采用NDVI比例法对生态工程实施前后的粮食供给能力进行空间化表达与可视化。粮食供给服务（$Crop_{mn}$）的计算公式为

$$Crop_{mn} = (NDVI_m / NDVI_n) \times Crop_n \qquad (7-12)$$

式中：Crop$_{mn}$——第 n 个行政单元第 m 个栅格的粮食供给服务，t/a；

　　　NDVI$_m$——该栅格的年 NDVI 最大值；

　　　NDVI$_n$——行政单元 n 中所有栅格 NDVI 最大值的和；

　　　Crop$_n$——行政单元 n 的粮食年产量，t/a。

本研究中采用县域单元作为最小行政单元，不同年份各县级行政单元的粮食年产量数据分别来自各县域的统计年鉴。

（2）粮食供给能力变化

粮食供给能力空间分布格局。以单位面积粮食产量为表征，2018 年粮食供给能力较弱的区域主要是五原县及乌拉特前旗的西部与东南部边缘地区；粮食供给能力中等水平区域分布较为零散，主要位于临河区、五原县及乌拉特前旗的西部、北部和南部地区；粮食供给能力高水平区域主要位于杭锦后旗和临河区。从修复单元上看，粮食供给高值区位于河套灌区水系生态保护网区域的西部地区，乌兰布和沙漠综合治理区为相对的低值分布区。

粮食供给能力时间变化特征。以单位栅格（30 m）粮食生产量为表征指标，如图 7-6 所示，2018—2021 年，整个流域具有粮食供给能力的区

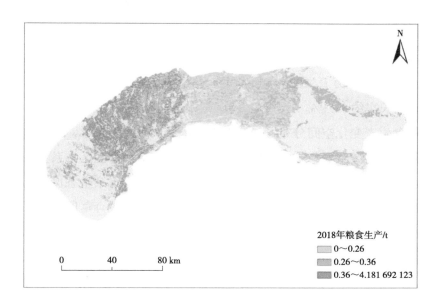

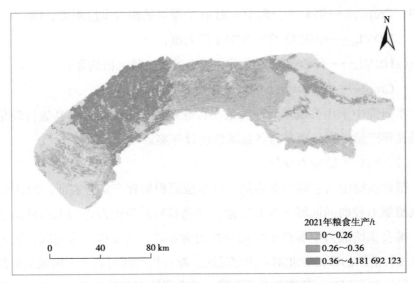

2021年粮食生产/t
0~0.26
0.26~0.36
0.36~4.181 692 123

图7-6　2018年和2021年粮食供给能力空间分布

域面积有所增大，由2018年的42.33%增加至2021年的47.92%，增长率为13.20%。其中，粮食供给能力在0~0.26 t范围的区域占比由16.95%显著提升至22.87%，增长率约为34.95%；粮食供给能力在0.26~0.36 t范围的区域占比小幅下降，由15.25%下降至13.90%；高粮食供给能力区域（>0.36 t）面积小幅增加，由10.13%增加至11.15%。流域2018年粮食生产总量为229.70万t，2021年粮食生产总量为246.53万t，生产总量明显增加，增长率约7.33%。

　　粮食生产变化空间分布。如图7-7所示，从空间上来看，单位面积粮食产量增加区域主要集中在流域的中部地区，包括河套灌区水系生态保护网东部的大部分地区；减少区域主要集中在河套灌区水系生态保护网西部以及环乌梁素海生态保护带，研究区东南边缘以及阿拉奔草原水土保持与植被修复区西北部也有分布。

　　综上，2018—2021年，粮食单位面积产量由每栅格0.30 t变为0.28 t，换算为由3.33 t/hm² 变为3.11 t/hm²，单位面积粮食产量降低，但耕地面积增加，具备粮食供给能力的范围不断扩大，总体粮食产量得到了提升。

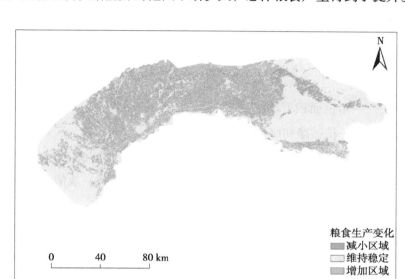

图 7-7　2018—2021 年粮食供给能力变化空间分布

7.2.2　草地产草量

（1）计算方法

草地产草量的计算主要有传统方法和基于模型的遥感评估方法两种。对于大范围、多尺度的草地生产力评估，遥感方法更为切实可行。目前基于遥感数据评估草地生产力常用的方法包括基于植被指数计算和基于 NPP（净初级生产力）计算两种。植被指数评估方法基于植被指数数据（如 NDVI、EVI 等）和地面实测数据建立估产模型，因此，地面样方数据的质量会显著影响模型估算的准确性。NPP 评估方法基于 CASA 模型评估产草量。CASA 模型已得到全球 1 900 多个实测站点的校准，适用于大尺度的产草量评估，误差较小。

基于 CASA 模型计算 NPP，进而计算草地的牧草产量。在获得区域

NPP 的基础上，利用生物量转换系数计算产草量。单位面积干草产量（B_g）的计算公式为

$$B_g = \frac{\text{NPP}}{S_{bn} \times (1 + S_{ug})}$$ （7-13）

式中：B_g——单位面积干草产量，g/m²；

NPP——植被净初级生产力，gC/m²；

S_{bn}——生物量到 NPP 的转换系数，g/gC，取值为 0.45；

S_{ug}——草地地下部分和地上部分生物量比例系数，取值为 6.31。

（2）草地生产量变化

2018 年和 2021 年的草地生产量空间分布如图 7-8、图 7-9 所示。乌梁素海流域的草地生产量主要分布在东部和西部，东部区域的草地生产量较高，西部区域相对较低。2018—2021 年，东部区域的草地生产量略有下降，而中部区域的草地生产量有所上升。

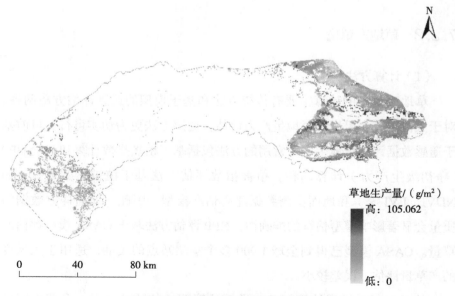

草地生产量/（g/m²）
高：105.062

低：0

图 7-8　2018 年草地生产量空间分布

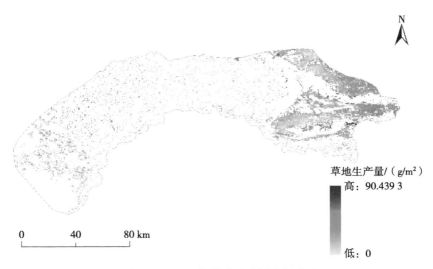

草地生产量/（g/m²）
高：90.439 3

低：0

0   40   80 km

图 7-9　2021 年草地生产量空间分布

草地生产量如表 7-2 所示，2018 年的生产总量为 7 466 t，2021 年为 5 928 t，相较 2018 年减少 1 538 t，同比下降 20.6%。2018 年的生产能力为 9.23 g/（m²·a），2021 年为 7.34 g/（m²·a）。

显然，2018 年的草地生产量高于 2021 年。空间上，2021 年的草地生产量减少区域主要集中在中部和东南部，可能和该区域的草地面积减少有一定关系。

表 7-2　草地生产量

年份	总量 /t	生产能力 /［g/（m²·a）］
2018	7 466	9.23
2021	5 928	7.34

7.2.3　小结

2018—2021 年，乌梁素海流域单位面积粮食产量有所降低，但由于耕地面积增加，具备粮食供给能力的范围不断扩大，总体粮食产量得到了提升。乌梁素海流域的草地面积大约减少了 400 km²，草地生产量有所下降，但在空间分布上，中部区域的草地生产量有所上升。

7.3 生物多样性保护情况

7.3.1 植物调查

2021 年遥感影像监测显示（图 7-10），乌梁素海覆盖的水生植被总面积为 244.57 km²，约占乌梁素海总面积的 80%。其中，挺水植被（芦苇）面积为 174.55 km²，沉水植被面积为 72.04 km²。

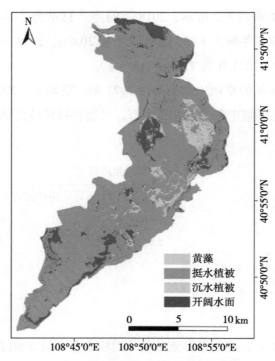

图 7-10 2021 年乌梁素海遥感解译图

2019 年乌梁素海水生生物调查资料显示，春季浮游植物共 8 门 102 种，夏季浮游植物共 8 门 144 种。根据 2021 年 9 月中国环境科学研究院在巴彦淖尔市"十四五"乌梁素海水生态保护修复与污染防治规划中的调查结果，2020 年 11 月和 2021 年 4 月，乌梁素海共检出浮游植物 120 种，隶属 7 门，其中绿藻门和硅藻门检测出的种类最多。见图 7-11。

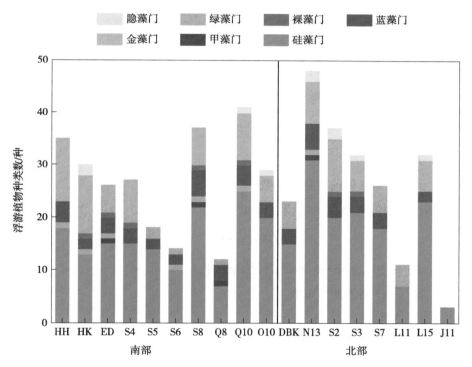

图 7-11 乌梁素海各点位浮游植物种类数

（1）实地调查方法

对乌梁素海流域工程实施区域进行植物调查，选取乌拉山水源涵养与地质环境综合治理区和乌兰布和沙漠综合治理区的两个样点进行实地调查（表 7-3）。多样性指数是反映丰富度和均匀度的综合指标，本研究选取 Simpson 指数、Shannon-Wiener 多样性指数与 Pielou 均匀度指数进行样点生物多样性的计算。

Simpson 指数（D）是统计学中常用的一种计算生态多样性的方法，基于物种多样性的测量，通过计算样地中不同物种的数量和相对丰度，反映该区域的物种多样性程度。其计算公式如下：

$$D = 1 - \sum \left[n(n-1) \right] / N(N-1) \qquad (7\text{-}14)$$

式中：n——每种物种的个体数；

　　　N——全部物种的个体数。

D 的取值范围为 0～1，值越大表示物种多样性越高。

Shannon-Wiener 多样性指数（H）采用下式计算：

$$H = -\sum P_i \times \ln P_i \qquad (7\text{-}15)$$

式中：$P_i = N_i/N$；

　　　N_i——第 i 种的植物个体数。

Pielou 均匀度指数（J）采用下式计算：

$$J = H / \ln S \qquad (7\text{-}16)$$

式中：H——Shannon-Wiener 多样性指数；

　　　S——样品的种类总数。

（2）实地采样

对乌兰布和沙漠综合治理区和乌拉山水源涵养与地质环境综合治理区的样点进行植物调查统计，选取工程实施区域与未实施区域，对样方内的植物种类、数量及株高进行统计。

表 7-3　实地调查样点

序号	修复区	经度	纬度
1	乌兰布和沙漠综合治理区	106.849 53	40.204 25
2	乌拉山水源涵养与地质环境综合治理区	108.755 32	40.757 62

（3）指标计算

对乌兰布和沙漠综合治理区样点进行植物调查统计，选取工程实施区域与未实施区域对样方内的植物种类、数量及株高进行统计。其中，样方1是工程未实施区域，样方2是工程实施区域。由表7-4可知，Simpson指数、Shannon-Wiener多样性指数与Pielou均匀度指数均明显增加，表明工程实施促进了区域植物多样性及均匀度的提升。

植物样地调查统计

表7-4　乌兰布和沙漠综合治理区调查统计表

样方编号	植物种类	数量	Simpson 指数	Shannon-Wiener 多样性指数	Pielou 均匀度 指数
1	1	10	0	0	0
2	2	3	0.667	0.634 2	0.915

对乌拉山水源涵养与地质环境综合治理区样点进行植物调查统计，选取工程实施区域与未实施区域对样方内的植物种类、数量及株高进行统计。其中，样方1、样方2为工程实施区域，样方3为工程未实施区域。由表7-5可知，Simpson指数、Shannon-Wiener多样性指数与Pielou均

匀度指数均明显增加，表明工程实施促进了区域植物多样性及均匀度的提升。

样地调查

表 7-5 乌拉山水源涵养与地质环境综合治理区调查统计表

样方编号	植物种类	数量	Simpson 指数	Shannon-Wiener 多样性指数	Pielou 均匀度指数
1	4	20	0.491 8	0.851 2	0.614 0
		52			
		5			
		1			
2	4	8	0.658	1.117 4	0.806 1
		1			
		17			
		20			
3	2	1	0.04	0.098 0	0.141 4
		49			

7.3.2　鸟类调查

2020 年乌梁素海生态调查结果显示，乌梁素海水鸟共记录 66 种，个体数量 64 423 只，鸟类动物的 Margalef 指数为 5.87。其中国家重点保护动物（鸟纲）61 种，包括国家一级保护动物（鸟纲）15 种，国家二级保护动物（鸟纲）46 种。根据 2016 年和 2020 年的水鸟调查报告，2016 年乌梁素海湿地水禽自治区级自然保护区内累计调查鸟类数量为 254 种，2020 年累计调查鸟类数量为 258 种，其中包括 1 种极危物种、4 种濒危物种、8 种易危物种、14 种近危物种、2 种未认可物种，其余 229 种鸟类均为低度关注物种。新增了长尾鸭等新物种，部分鸟类数量明显增加。例如，灰雁数量由原来的不到 10 只增加到 648 只，白骨顶数量增加了约 20 万只。鸟类生物多样性及物种稳定性得到了明显提高，表明生物多样性保护工程的实施为鸟类提供了适宜的繁殖和栖息环境，为乌梁素海的生态系统稳定提供了有力保障。

7.3.3　水生生物调查

对乌梁素海鱼类进行调查分析，初步确定 2019 年乌梁素海的鱼类种类有 17 种，分别隶属 4 目 7 科。2021 年 4 月开展了乌梁素海鱼类调查分析，通过对采集到的渔获物进行统计，乌梁素海湖区共记录到鱼类 21 种，隶属 6 科 18 属。相较 2019 年的调查结果，2020 年乌梁素海鱼类种类明显增加，生物多样性显著提高（图 7-12）。

2019 年，经鉴定计数，乌梁素海浮游动物样品共发现 4 类 62 种。其中，轮虫最多，共有 33 种；原生动物次之，为 16 种；桡足类和枝角类最少，分别为 9 种和 4 种。2020 年，乌梁素海浮游动物共有 4 类 64 种。其中，轮虫最多，共有 33 种；原生动物次之，为 18 种；桡足类和枝角类最少，分别为 9 种和 4 种。

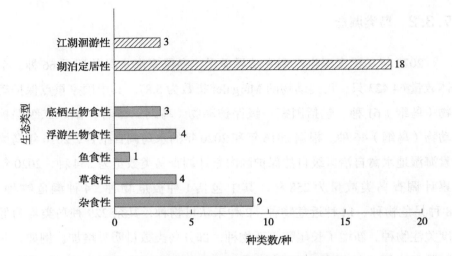

图 7-12　2020 年乌梁素海湖区鱼类生态类型

第8章 植被生长状况与生态系统质量变化分析

8.1 植被生长状况变化分析

8.1.1 计算指标及方法

植被是陆地生态系统的主体,其覆盖变化会对环境产生巨大影响。然而,全球气候变化和人类活动导致植被的急剧变化。植被相关指数是表征陆地植被质量和植被群落生长动态的重要参数,也反映了气候、土壤等其他环境要素的状况。

遥感数据解译获得的植被数据可以评估大尺度区域的植被生长状况和生态质量,并为环境保护决策提供科学依据。归一化差值植被指数(NDVI)能够衡量植被的密度和长势,具有时间序列长、覆盖范围广、植被表征强等特点,在环境、生态、水文研究领域具有重要意义,被广泛应用于区域到全球不同尺度的植被动态变化监测及成因分析、气候变化响应、土地退化区域识别和植被生产力模拟等领域。

NDVI是一个标准化指数，用于生成显示植被量（相对生物量）的影像。该指数通过对比多光谱栅格数据集中两个波段的特征，即红光（R）波段中叶绿素的色素吸收率和近红外（NIR）波段中植物体的高反射率计算得出。NDVI的计算公式为

$$NDVI=（IR-R）/（IR+R） \qquad (8-1)$$

式中：IR——红外波段的像素值；

R——红光波段的像素值。

该指数的输出值在 -1.0 到 1.0 之间，大部分正值表示植被量。

8.1.2 植被生长状况

乌梁素海流域山水林田湖草生态保护修复试点工程区的植被分布情况如图 8-1 所示。2018 年工程实施前，NDVI 均值为 0.24。其中，NDVI在 0~0.1 的面积占总面积的 3.92%，该范围内的 NDVI 值较低，表明该区域植被覆盖较少或存在较多非植被地物；NDVI 在 0.1~0.2 的面积占总面积的 25.55%；NDVI 在 0.2~0.3 的面积占总面积的 44.87%，该范围内的 NDVI 值相对较高，表明该区域植被覆盖较为密集；NDVI 在 0.3~0.4 的面积占总面积的 24.94%，该范围内的 NDVI 值进一步增加，表明这些区域植被覆盖度较高；NDVI＞0.5 的面积占总面积的 0.72%，是植被覆盖度最高的区域。

2022 年工程实施后，平均 NDVI 值仍为 0.24。其中，NDVI 在 0~0.1 的面积占总面积的 5.30%，相较 2018 年有所增加；NDVI 在 0.1~0.2 的面积占总面积的 23.30%，相较 2018 年略有下降，这些区域的 NDVI 值相对较高，但仍需要继续关注和加强植被保护工作，以保持植被密度；NDVI 在 0.2~0.3 的面积占总面积的 47.01%，相较 2018 年有所增加，表明这些

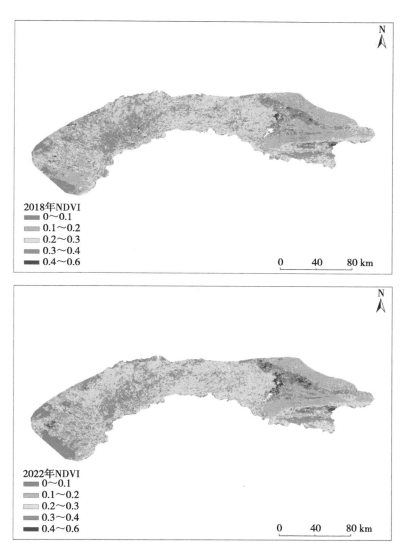

图 8-1　2018 年和 2022 年 NDVI 空间分布

区域的植被覆盖较密集，植被恢复较好；NDVI 在 0.3～0.4 的面积占总面积的 22.99%，相较 2018 年略有下降，说明这些地区植被覆盖度高，但需要继续监测和保护，防止植被恢复进程的逆转；NDVI＞0.5 的面积占比为 1.40%，相较 2018 年有所增加，这些区域是植被覆盖度最高的地区，表明这些区域的植被修复取得了较好的成效（表 8-1、图 8-2）。综合来看，2022 年植被恢复和保护取得了一定的成果，但仍有部分区域的植被状况需要加强管理和修复。随着生态保护工作的持续推进，植被覆盖持续改善，生态环境得到了更好的保护和恢复。

表 8-1　工程评估区 NDVI 分布面积占比

NDVI	2018 年 /%	2022 年 /%
0～0.1	3.92	5.30
0.1～0.2	25.55	23.30
0.2～0.3	44.87	47.01
0.3～0.4	24.94	22.99
>0.5	0.72	1.40

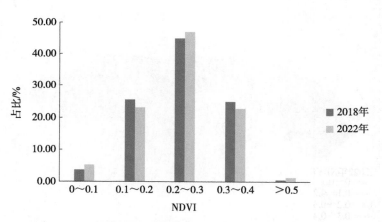

图 8-2　2018 年和 2022 年 NDVI 面积占比

8.1.3　植被生长状况变化

乌梁素海流域的植被变化如图 8-3 所示。NDVI 增加的区间为小于 -0.05，减少的为大于 0.05，不变的为 -0.05～0.05。植被增加的区域主要

出现在西部区域，属于乌兰布和沙漠综合治理区；乌梁素海周围的植被也
出现了明显增长。植被减少的区域主要分布在耕地分布区，即河套灌区。

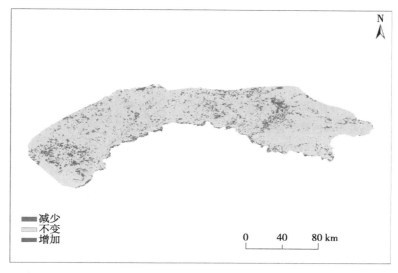

减少
不变
增加

0   40   80 km

图 8-3   乌梁素海流域植被变化

乌梁素海的植被变化如表 8-2 所示。乌梁素海流域的植被 NDVI 减少
面积为 780.14 km²，占总面积的 4.42%；增加面积为 1 101.56 km²，占总面
积的 6.25%。乌梁素海水生态修复与生物多样性保护单元的植被 NDVI 减
少面积为 34.80 km²，增加面积为 102.74 km²。乌兰布和沙漠综合治理单
元的植被 NDVI 减少面积为 52.50 km²，增加面积为 425.22 km²。乌拉山水
源涵养与地质环境综合治理修复单元的植被 NDVI 减少面积为 8.73 km²，
增加面积为 24.56 km²。河套灌区水系修复单元的植被 NDVI 减少面积为
438.74 km²，增加面积为 293.99 km²。环乌梁素海修复单元的植被 NDVI 减
少面积为 159.17 km²，增加面积为 115.20 km²。阿拉奔草原水土保持与植
被修复单元的植被 NDVI 减少面积为 13.57 km²，增加面积为 68.54 km²。

由图 8-4 可知，乌梁素海水生态修复与生物多样性保护单元的植被增
加比例最高，但其减少比例也是各单元中最高的。其次是乌兰布和沙漠综

合治理单元，植被增加的比例较大，远高于减少的比例。乌拉山水源涵养与地质环境综合治理修复单元的植被变化幅度最小。总体来看，大部分单元的植被增加面积大于减少面积，但河套灌区水系修复单元和环乌梁素海修复单元的植被减少面积大于增加面积。

表 8-2　乌梁素海植被变化统计表　　　　　　　单位：km²

区域	减少	不变	增加
乌梁素海水生态修复与生物多样性保护单元	34.80	160.28	102.74
乌兰布和沙漠综合治理单元	52.50	2 694.42	425.22
乌拉山水源涵养与地质环境综合治理修复单元	8.73	1 648.14	24.56
河套灌区水系修复单元	438.74	6 836.96	293.99
环乌梁素海修复单元	159.17	1 942.43	115.20
阿拉奔草原水土保持与植被修复单元	13.57	1 553.97	68.54
乌梁素海流域	780.14	15 743.03	1 101.56

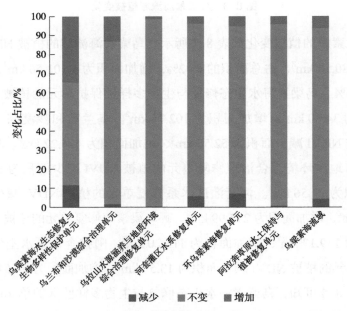

图 8-4　植被生长变化占比

8.1.4　小结

乌梁素海流域山水林田湖草生态保护修复试点工程区的植被分布主要集中在 NDVI 值为 0.2～0.3 的区域，占总面积的 47.01%；其次是 NDVI 值为 0.1～0.2 和 0.3～0.4 的区域，占比分别为 23.30% 和 22.99%。NDVI 值基本保持稳定，在不同区间内轻微变化。具体表现为，NDVI 值为 0.1～0.2 和 0.3～0.4 的区域占比有所减少，NDVI 值小于 0.1、在 0.2～0.3 和大于 0.5 的区域占比有所增加。2022 年，植被恢复和保护取得了一定的成果，随着生态保护工作的持续推进，植被覆盖持续改善，但仍有部分区域的植被状况需要加强保护和修复。

乌梁素海流域的植被 NDVI 减少面积为 780.14 km²，占总面积的 4.42%，增加面积为 1 101.56 km²，占总面积的 6.25%。其中，乌梁素海水生态修复与生物多样性保护单元的植被增加和减少的比例均为最高；乌兰布和沙漠综合治理单元的植被增加比例高于减少比例；乌拉山水源涵养与地质环境综合治理修复单元的植被变化幅度最小；河套灌区水系修复单元和环乌梁素海修复单元的植被变化减少面积大于增加面积。

8.2　生态系统质量变化

8.2.1　生态系统质量评估计算指标及方法

（1）叶面积指数

叶面积指数（leaf area index，LAI）反映一个生态系统中单位面积上的叶面积大小，是模拟陆地生态系统、水热循环和生物地球化学循环的重要参数。目前基于光学数据获取叶面积指数的方法主要包括两类，一类是统计方法，另一类是基于辐射传输的冠层模型遥感反演方法。

统计方法。统计方法中常用的经验模型法是通过建立叶面积指数和植被指数之间的经验或半经验关系来估算叶面积指数。一般过程是建立叶面积指数和植被指数的经验关系，并使用观测数据进行拟合，再使用拟合好的模型估算叶面积指数。常用的叶面积指数和植被指数的经验关系主要有以下几种形式：

$$L=Ax^3+Bx^3+Cx^3+D \qquad\qquad (8-2)$$

$$L=A+Bx^c \qquad\qquad (8-3)$$

$$L=-1/2A\ln（1-x） \qquad\qquad (8-4)$$

式中：L——叶面积指数；

$\quad$ x——遥感数据获取的植被指数或反射率；

$\quad$ A，B，C，D——经验参数，随着植被类型的不同而变化。

冠层模型。冠层模型通常可划分为参数模型、几何光学模型、混合介质模型和计算机模拟模型 4 类。这些模型已在冠层形态和光学特征估算中得到广泛应用。目前基于冠层模型估算叶面积指数常采用反演优化算法、神经网络技术、遗传算法、贝叶斯网络算法和查找表方法等，可根据评估区域和所具备的实际条件选择合适的模型和方法估算叶面积指数。

（2）植被覆盖度

植被覆盖度（fractional vegetation cover，FVC）量化了植被的茂密程度，反映了植被的生长态势，是描述生态系统的重要基础数据，被广泛运用于水文、生态、气候、大气污染等研究领域。遥感技术由于其大范围的数据获取和连续观测能力，已成为估算植被覆盖度的主要技术手段。基于遥感的植被覆盖度估算方法主要有以下几种：

回归（统计）模型法。回归（统计）模型法是通过对遥感数据的某一波段、波段组合或利用遥感数据计算的植被指数（如归一化植被指数、土壤调节植被指数等）与植被覆盖度进行回归分析，建立经验估算模型。线性回归模型通过地面测量的植被覆盖度与遥感图像的波段或植被指数进行线性回归得到研究区域的估算模型；非线性回归模型法则是通过将遥感数据的波段或植被指数与植被覆盖度进行拟合，得到非线性回归模型。

混合像元分解法。遥感图像中每个像元一般由多个组分构成，每个组分对传感器观测到的信息都有贡献，可由此建立像元分解模型进行植被覆盖度的估算。混合像元分解模型主要有线性模型、概率模型、几何光学模型、随机几何模型和模糊分析模型等，其中线性分解模型应用最为广泛。线性像元分解法中最常用的是像元二分模型，假定像元由植被和非植被两部分构成，光谱信息为这两个组分的线性组合。计算获得的植被覆盖所占像元比例即为该像元的植被覆盖度，计算方法如下：

$$FVC = (NDVI - NDVI_{soil}) / (NDVI_{veg} - NDVI_{soil}) \qquad (8-5)$$

式中：FVC——像元植被覆盖度；

$NDVI$——混合像元的 $NDVI$ 值；

$NDVI_{soil}$——纯裸土覆盖像元的 $NDVI$ 值；

$NDVI_{veg}$——纯植被覆盖像元的 $NDVI$ 值。

由于受土壤、植被类型等因素的影响，目前 $NDVI_{soil}$ 和 $NDVI_{veg}$ 主要通过图像的统计分析确定，如直接将图像中 $NDVI$ 的最大值和最小值分别作为纯植被覆盖和纯裸土覆盖的 $NDVI$ 值。

（3）总初级生产力

总初级生产力（gross primary productivity，GPP）指在单位时间和单位面积上，绿色植物通过光合作用所固定的有机碳总量。陆地总初级生产力是描述陆地生态系统的重要参数，提供了全球气候变化情况下碳循环的定量化描述。

目前，通用的估测总初级生产力的方法主要有通量站连续观测和陆地生态过程模型估测等。通量站连续观测是利用涡度相关法测量大气与生态系统边界的交换，包括碳、水等物质，从而间接计算出生态系统总初级生产力的量。涡度相关技术实现了定量连续测量陆地生物圈 - 大气圈碳和水汽交换，是在生态系统尺度上解释陆气交换作用的最有效方法。

陆地生态过程模型则是结合陆地表面过程、植被冠层生理等生态系统过程要素开发出的模型。结合遥感数据的 GPP 估测模型实现了对空间连续、不破坏植被的植被总初级生产力的估测。遥感估测总初级生产力模型主要分为 3 类：经验型植被指数模型、植被生态过程模型及机器学习模型。可根据评估区域和所具备的实际条件选择合适的模型和方法估算总初级生产力。

（4）生态系统质量计算

生态系统质量反映区域生态系统质量整体状况，由植被覆盖度、叶面积指数和总初级生产力的相对密度来构建，计算公式为

$$\text{EQI}_{ij} = \frac{\text{LAI}_{ij} + \text{FVC}_{ij} + \text{GPP}_{ij}}{3} \times 100 \tag{8-6}$$

式中：EQI_{ij}——第 i 年第 j 分区生态系统质量；

LAI_{ij}——第 i 年第 j 分区叶面积指数相对密度；

FVC_{ij}——第 i 年第 j 分区植被覆盖度相对密度；

GPP_{ij}——第 i 年第 j 分区总初级生产力相对密度。

根据生态系统质量评估结果，将生态系统质量分为 5 级，即优、良、中、低、差，具体划分标准可参照表 8-3。

表 8-3　生态系统质量划分标准

EQI 范围	生态系统质量	描述
EQI≥75	优	生态系统质量为优
55≤EQI＜75	良	生态系统质量为良好
35≤EQI＜55	中	生态系统质量为中等水平
20≤EQI＜35	低	生态系统质量较低
EQI＜20	差	生态系统质量较差

8.2.2　生态系统质量变化

（1）叶面积指数变化

乌梁素海流域山水林田湖草生态保护修复试点工程区的叶面积指数

空间分布如图 8-5 所示，叶面积指数最高的区域出现在乌梁素海周围及东部，最低的区域出现在乌梁素海东北部和南部，中西部的叶面积指数相近。2018 年，叶面积指数的平均值为 1.80，最大值为 13.25；2022 年，叶面积指数的平均值为 1.81，最大值为 16.54，较 2018 年有所上升，高值区域增加。

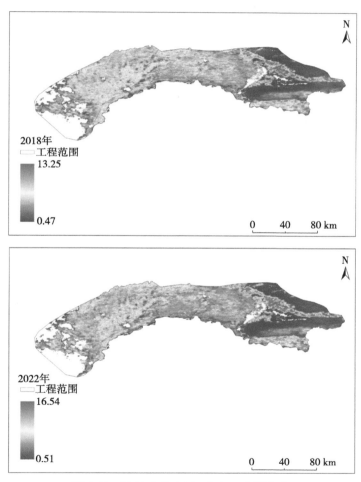

图 8-5　2018 年和 2022 年 LAI 空间分布

（2）植被覆盖度变化

乌梁素海流域山水林田湖草生态保护修复试点工程区的植被覆盖度的

空间分布如图 8-6 所示。乌梁素海流域的植被覆盖度相对较高，覆盖最高的区域分布在东部，中部的植被覆盖也相对较高，覆盖较低的区域位于西部。2018 年，植被覆盖度的均值为 0.67，2022 年增加至 0.69。2018—2022 年，从空间分布上看，中西部的植被覆盖明显上升，东部的高值区也有所增加，但在乌梁素海西部区域，部分地区的植被覆盖度有所降低。

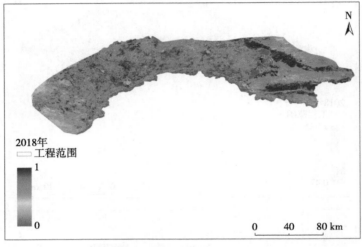

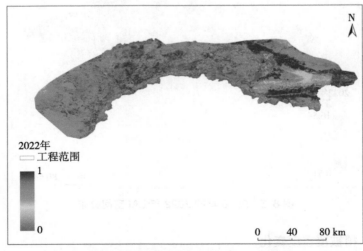

图 8-6　2018 年和 2022 年 FVC 空间分布

（3）总初级生产力变化

乌梁素海流域山水林田湖草生态保护修复试点工程区的总初级生产力
的空间分布如图 8-7 所示。乌梁素海流域的总初级生产力相对较高，主
要分布在中部的耕地区域和乌梁素海周围。2018 年，GPP 的均值为 1.79，
2022 年为 1.80，基本保持稳定。空间上的变化也较小。

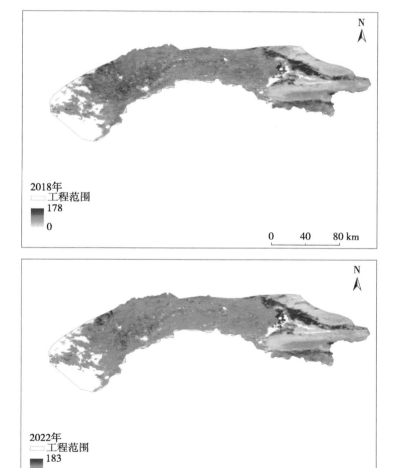

图 8-7　2018 年和 2022 年 GPP 空间分布

（4）生态系统质量指数变化

通过归一化叶面积指数、植被覆盖度和总初级生产力，计算生态系统质量指数，可以得到乌梁素海流域山水林田湖草生态保护修复试点工程区的生态系统质量空间分布图（图8-8）。统计结果显示，2018年，乌梁素海流域试点工程区的生态环境质量指数平均值为47.61；2022年，生态环

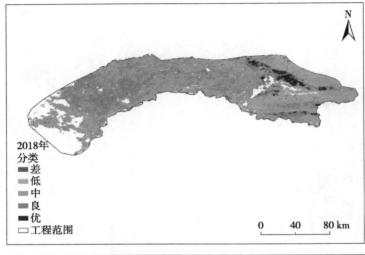

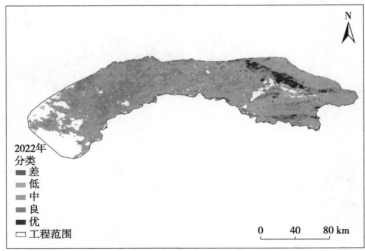

图 8-8　2018 年和 2022 年 EQI 空间分布

境质量指数平均值为 46.94，与 2018 年相比略有下降。从空间分布图可以看出，试点工程区的局部生态系统质量有变好的趋势，但各生态工程分区的生态系统质量变化情况还需要进一步分析。

统计生态系统质量变化情况如表 8-4 所示，2018 年，生态系统质量为优的区域面积为 30 099.99 km²，占总面积的 1.96%；2022 年为 45 977.14 km²，占比增加至 2.99%，表明生态系统质量为优的区域有所增加。2018 年，生态系统质量为良好的区域面积为 255 829.80 km²，占总面积的 17.01%；2020 年为 269 286.00 km²，占总面积的 18.05%，表明生态系统质量良好的区域也有所增加。

表 8-4　EQI 面积及占比统计

EQI	2018 年面积 /km²	占比 /%	2022 年面积 /km²	占比 /%
优	30 099.99	1.96	45 977.14	2.99
良	255 829.80	17.01	269 286.00	18.05
中	811 812.20	52.91	814 172.60	52.95
低	400 761.60	26.12	367 252.20	23.89
差	35 930.35	2.34	40 873.05	2.66

中等水平质量区域的面积保持相对稳定，2022 年为 814 172.60 km²，占比由 52.91% 略微上升至 52.95%。低质量生态系统区域的面积减少至 367 252.20 km²，占比下降至 23.89%，与 2018 年相比，面积减少了 33 509.40 km²，占比下降了 2.23%。生态系统质量差的区域面积增加至 40 873.05 km²，占比上升至 2.66%，与 2018 年相比，面积增加了 4 942.70 km²，占比上升了 0.32%。

综合生态系统质量变化情况可以发现，试点工程区生态系统质量为中等的区域面积占比最多，其次是较低和良好的区域，质量为差的区域面积占比较小。2018—2022 年，生态系统的质量呈逐渐变好的趋势，生态系统质量为优和良的区域增加，质量为低的区域有所减少，但质量为差的区域有少量增加。因此，试点工程区的生态系统质量仍有提升空间，后续应加强生态系统质量的监测，并继续提升生态系统质量。

8.2.3 小结

试点工程区的叶面积指数、植被覆盖度和总初级生产力在 2022 年的变化趋势总体向好，植被覆盖度的变化趋势较为明显，整个区域的植被覆盖度有所增加。

2018 年，生态环境质量指数平均值为 47.61；2022 年，生态环境质量指数平均值为 46.94，与 2018 年相比略有下降。相较 2018 年，2022 年生态系统质量为优和良的区域面积占比上升，质量为中的占比保持稳定，质量为低的占比下降，但质量为差的占比略有上升。

第9章 工程实施的生态环境效益、社会效益和经济效益

9.1 生态环境效益

9.1.1 生态环境质量改善

（1）水环境质量提升

源头削减。一是面源污染量削减，主要通过农业面源减排和农村面源减排来实现。具体减排量如表9-1所示。二是点源污染量削减，主要通过农业废弃物回收与资源化利用工程、乌拉特前旗污水处理厂工程来实现。具体减排量如表9-2所示。

表9-1　面源污染量削减

序号	项目名称	污染物减排量
1	"厕所革命"工程	减少氮排放量约 1 186.21 t/a，减少磷排放量约 154.39 t/a
2	生活垃圾收集和转运点建设工程	减少垃圾渗滤液产生量 50.88～61.05 m³/d，COD 减排量 13.52～16.21 t/a，氨氮减排量 0.68～0.81 t/a，总磷减排量 0.024～0.028 t/a
3	乌梁素海生态产业园综合服务区（坝头地区污水工程）	污染物削减量分别为：COD 39.33 t/a，BOD_5 9.01 t/a，SS 11.13 t/a，氨氮 0.97 t/a，总磷 0.08 t/a，总氮 2.09 t/a
4	村镇一体化污水工程	COD_{Cr}、氨氮、总磷、总氮削减量分别为 389.27 t/a、38.93 t/a、5.62 t/a、38.93 t/a

表9-2　点源污染量削减

序号	项目名称	污染物减排量
1	农业废弃物回收与资源化	化学需氧量、BOD、氨氮、总磷、总氮减排量分别为 12 443.9 t/a、11 050.84 t/a、1 498.16 t/a、1 469.71 t/a 和 5 268.44 t/a
2	乌拉特前旗乌拉山镇污水处理厂	化学需氧量、BOD、氨氮、总磷、总氮减排量分别为 905.2 t/a、194.9 t/a、505.2 t/a、69 t/a、607.4 t/a
	总计	化学需氧量、BOD、氨氮、总磷、总氮减排量分别为 13 349.1 t/a、11 245.74 t/a、2 003.36 t/a、1 538.71 t/a 和 5 875.84 t/a

过程减排。污染物过程减排主要通过湿地的构建与修复工程来实现。八排干、九排干、十排干构建与修复湿地面积共计 1 661.73 hm²，湖滨带生态拦污工程构建人工湿地 47.18 hm²。通过现场采样及检测，八排干、九排干、十排干及湖滨带人工湿地对 COD_{Cr} 和总氮的削减量分别为 1 490.11 t/a 和 64.71 t/a。

内源污染消减。主要通过东西湖湿地治理及水道疏浚工程对底泥进行清淤、水生植物资源化工程收割芦苇去除氮、磷，以及实施底泥处置实验示范工程来实现。具体削减量如表 9-3 所示。

表 9-3　内源污染量削减

序号	项目名称	污染物减排量
1	东、西湖区湿地治理及水道疏浚工程	东、西侧湖区清淤量共计 506.73 万 m^3，共去除总氮：10 216.1 t，总磷：3 711.46 t
2	水生植物资源化工程	总氮去除率量为 172.47 t/a，总磷去除量为 26.53 t/a，项目实施 3 年
3	底泥处置实验示范工程	总磷和有机质的去除量分别为 41.48 t/a 和 9 542.42 t/a

沟道流通性增强。试点工程通过对总排干等沟道、斗农毛沟、骨干排沟、东西湖湿地水道疏浚及刁人沟河道治理等工程，解决入湖河道堵塞问题，改善水动力条件，提升水循环。具体工程量如表 9-4 所示。

表 9-4　沟道流通性工程量

序号	项目名称	沟道流通性
1	东、西湖区湿地治理及水道疏浚工程	东、西侧湖区清淤量共计 506.73 万 m^3
2	乌梁素海流域排干沟净化与农田退水水质提升工程	总排干等沟道 368.915 km，斗农毛沟 590.899 km，骨干排沟 951.264 km，沟道流量和流速达到设计要求
3	乌拉山南侧废弃砂石坑矿山地质环境治理工程	刁人沟 G6 高速大桥至包兰铁路桥上游约 250 m 段河道进行疏浚 1.535 km，相应洪峰流量达到 386 m^3/s

乌梁素海流域排干沟净化与农田退水水质提升工程的实施，改善了沟道的流通性，解决了排干沟淤积严重、水体不流动的问题。海堤工程实施后，提高了海岸抗冲刷能力，有效遏制了海岸侵蚀现象。其中，一排干沟 2019 年 5 月排水量较同期增加 54.64 万 m^3；九排干沟 2019 年夏灌较 2018 年排水量同期增加 373.8 万 m^3，2020 年较 2019 年度排水量同期增加 44.1 万 m^3。每年生态补水 5.89 亿 m^3，增加蓄水量 0.8 亿 m^3。

湖体浓度达标。从乌梁素海国考断面水质监测结果来看，2020 年平均水质总体稳定在 V 类、局部优于 V 类。湖心 COD 年均浓度为 18 mg/L，氨氮年均浓度为 0.18 mg/L，总磷年均浓度为 0.02 mg/L，总氮浓度为

0.74 mg/L。整体上，水质由2017年的劣V类提高到IV类，水体中高锰酸盐指数、生化需氧量、化学需氧量、总氮、氨氮、总磷削减效果良好，与工程实施前相比，去除率在1.26%～64.48%，平均去除率为39.09%。湖区水体中硫酸盐及氯化物去除率分别为45.71%和32.81%，湖区出口硫酸盐和氯化物去除率分别为64.81%和65.17%。

各排干近3年水质指标情况逐渐好转，一排干、二排干、三排干在2020年可达到地表水III类水质标准；八排干、总排干可达到地表水IV类水质标准，七排干、九排干可达到地表水V类水质标准。

（2）耕地质量提升，土壤肥力增强

耕地质量提升。通过推广高效复合肥、缓控释尿素、掺混肥、微生物菌肥，覆盖面积达137.95万亩；2020年全市农药利用率达到40.1%，比2019年提高2个百分点；2020年全市氮肥利用率为39.33%，磷肥利用率为23.89%，钾肥利用率为56.82%，化肥利用率为40.01%；2019年农药包装废弃物回收量为382.6 t，2020年回收量为302.2 t，乌拉特前旗残膜当季回收率达到85%，避免了残留的农药、兽药和重金属等污染物进入土壤对土壤环境造成破坏。

土壤肥力增强。通过在河套灌区全面实施"四控工程"和推广施用有机肥，增加了土壤有机质含量，有机质平均含量由项目实施前的13.92 g/kg提升到14.07 g/kg。深松后的土壤蓄水能力每亩增加15 m³左右，增加蓄水能力570万m³，土壤疏松程度在30 cm左右，改善了土壤团粒结构，提高了土壤微生物生物活性，调整了土壤酸碱度，pH平均值由8.4下降到8.28，降低0.12。水土保持与植被修复工程实施后，等效减少土壤肥力流失合约磷酸二铵肥679.47 t/a、氯化钾肥846 t/a、有机质肥109.99 t/a。

盐碱地土地改良。通过乌拉特前旗大仙庙海子周边盐碱地治理及湿地恢复工程的实施，土壤盐碱化得到明显改善。全盐量和碱化度明显降低，重度盐碱地全盐量和碱化度平均削减率分别为71.84%和57.28%，中度盐碱地全盐量和碱化度平均削减率分别为51.39%和89.73%，轻度盐碱地全盐量和碱化度平均削减率分别为-17.65%和12.97%。同时，阳离子交换量的增大和交换性钠的降低改善了土壤保肥能力、孔隙结构和渗透性。

净化大气。全市秸秆综合利用率达到 87.81%，降低了 $PM_{2.5}$、PM_{10} 等颗粒物的浓度，减少了雾霾天气的发生，改善了空气质量。此外，降低了 CO_2、SO_2 排放量，减少了温室效应。水土保持与植被修复工程可吸收 SO_2 210.28 t/a，阻滞降尘 23.8 t/a。

固碳释氧。通过种植及修复植被，提高全市固碳释氧能力，固碳量计算结果见表 9-5。

表 9-5　固碳量

序号	项目名称	固碳量 /（t/a）
1	沙漠综合治理工程	26 162.05
2	矿山地质环境综合整治工程	692.89
3	水土保持与植被修复工程	6 794.27
4	河湖连通与生物多样性保护工程	6 717.9
	合计	40 367.11

通过试点工程的实施，每年固碳量合计为 40 367.11 t。

9.1.2　生物多样性保护能力得到提升

（1）植被覆盖度提升

通过多项生态修复工程，植被覆盖度显著提升。具体成果如下：沙漠综合治理工程新增沙漠治理面积 48 209 亩，主要种植梭梭及肉苁蓉；矿山地质环境综合整治工程新增植被面积 12.2 km²；湖滨带生态拦污工程新增林草总面积 972.67 hm²，草原地面覆盖度由 36.8% 提高到 62.1%；乌梁素海东岸荒漠草原生态修复示范工程新增林草总面积 6 万亩，林草覆盖度从 9.32% 上升至 17.74%；乌拉特前旗乌拉山南北麓林业生态修复工程新增林草总面积 3.3 万亩，草原地面覆盖度由 7.3% 提高到 10.39%；乌梁素海周边造林绿化工程新增绿化总面积 223.4 亩；大仙庙海子盐碱地改良工程种植红柳面积 30.5 亩。总计新增植被覆盖面积 116.24 km²。

（2）生物多样性提升

通过生态保护与修复措施，乌梁素海及周边区域的生物多样性显著提升，具体表现如下：

浮游植物：2019 年乌梁素海春季浮游植物种类为 102 种，2021 年春季（4 月）共检出浮游植物 120 种，种类明显增多。

水生植物：2018 年芦苇面积为 178.28 km²，2021 年挺水植被（芦苇）面积为 174.55 km²，沉水植被面积为 72.04 km²。

浮游动物：2019 年鉴定浮游动物 62 种，2021 年增加至 64 种，物种数量略有上升。

鱼类：2019 年乌梁素海湖区记录鱼类 17 种，2021 年 4 月增加至 21 种，鱼类种类显著丰富，生物多样性明显提高。

鸟类：2016 年乌梁素海湿地水禽自治区级自然保护区内累计调查鸟类 254 种，2020 年增加至 258 种，鸟类种类增多。部分鸟类数量明显增加，例如，灰雁数量由原来不到 10 只增加到 648 只，白骨顶数量增加约 20 万只。鸟类生物多样性及物种稳定性得到了显著提升。

9.1.3 区域生态系统稳定性增强

试点工程的实施显著增强了区域的稳定性，主要体现在以下方面：

（1）水源涵养能力提升

通过提高植被覆盖度，区域水源涵养能力显著提升。具体水源涵养量如表 9-6 所示。

表 9-6　水源涵养量

序号	项目名称	水源涵养量 /（万 m³/a）
1	沙漠综合治理工程	609.64
2	矿山地质环境综合整治工程	89.94

序号	项目名称	水源涵养量/（万 m³/a）
3	水土保持与植被修复工程	489.99
合计		1 188.57

综上，试点工程实施后，水源涵养量共计 1 188.57 万 m³/a。

（2）防洪护坡能力提升

通过生态补水、增加蓄水量及新增海堤防护长度等措施，区域防洪护坡能力显著增强：生态补水量达 5.89 亿 m³/a、新增蓄水量 0.8 亿 m³、新增海堤防护长度 123.8 km。这些措施有效提升了乌梁素海流域在黄河凌汛期的蓄洪、分洪和调洪能力，每年可承泄分洪水量 2 亿 m³ 以上，有效减轻了黄河中下游的防洪防汛压力。此外，排水量数据对比显示：一排干沟 2019 年 5 月排水量较 2018 年，同期多排 54.64 万 m³；九排干沟 2019 年夏灌排水量较 2018 年同期增加 373.8 万 m³，2020 年较 2019 年同期增加 44.1 万 m³；新安分干沟 2019 年全年排水量较 2018 年增加 110 多万 m³；通北分干沟 2019 年全年排水量较 2018 年增加 80 多万 m³。生态补水量逐年提升：2018 年完成生态补水 5.94 亿 m³，2019 年完成 6.15 亿 m³，2020 年完成 6.25 亿 m³，2021 年完成 5.98 亿 m³，2022 年完成 5.17 亿 m³。红站水量也逐年提升：2017 年水量为 4.84 亿 m³，2018 年为 8.57 亿 m³，2019 年为 8.91 亿 m³。

（3）严重沙化沙漠占比降低

通过对乌兰布和沙漠的综合治理，区域沙化问题得到有效控制：减少入黄河的泥沙量，阻止沙漠向东侵蚀，严重沙化沙漠占比由 2017 年的 23.7% 降低到 21.8%，新增沙漠治理面积 48 209 亩。

（4）"北方防沙带"生态屏障作用更加突出

通过乌兰布和林草植被恢复、乌拉山水源涵养与地质环境综合治理、阿拉奔草原水土保持与植被修复等工程，系统提升了"北方防沙带"的生态屏障功能。防风固沙量见表 9-7。

表9-7 防风固沙量

序号	项目名称	固沙量 /（万 t/a）
1	沙漠综合治理工程	156.95
2	矿山地质环境综合整治工程	15.05
3	水土保持与植被修复工程	128.59
	合计	300.59

综上可知，通过试点工程的实施，固沙量达到 300.59 万 t/a。

（5）减轻地质灾害，减少土壤侵蚀量

通过乌拉山地质环境区域治理，地质灾害风险显著降低：治理面积比例达 142%，地质灾害区域治理率达 100%，乌拉山边坡的稳定性和生态屏障服务功能显著增强，避免了山体滑坡、坍塌等次生地质灾害的发生，提升了治理区河道行洪安全程度和岸坡稳定能力，降低了治理区自然灾害频率，保障了山区人民群众的生命财产安全。

表9-8 减少土壤侵蚀量

序号	项目名称	减少土壤侵蚀量 /（万 m^3/a）
1	沙漠综合治理工程	78.37
2	矿山地质环境综合整治工程	34.78
3	水土保持与植被修复工程	9.82
	合计	122.97

综上可知，试点工程的实施减少土壤侵蚀量 122.97 万 m^3/a。

（6）蓄水能力增强，水资源节约能力提升

通过湿地修复与构建，区域蓄水能力显著提升：八排干、九排干、十排干湿地库容达 1.82×10^7 m^3，湖滨带湿地库容达 7.08×10^5 m^3，耕地质量提升工程增加土壤蓄水能力 570 万 m^3。

此外，通过调整种植业结构、耕地深松、水肥一体化工程及农艺和管理节水措施，2019—2020 年实现节水 2.8 亿 m^3。通过中水回用工程，年节水 614.68 万 m^3。

9.2   社会效益

9.2.1   加快贫困人口脱贫步伐

项目实施后，充分发挥了国家试点工程的带动和辐射作用，促进了区域绿色高质量发展，显著改善了乌梁素海周边群众的生产生活条件。农业面源污染治理工程帮助农户降低成本、增加收入；项目后期运营创造了就业机会，直接吸纳就业人员超过 1 000 人，解决了农村剩余劳动力的安置问题。临河区入选全国乡村振兴百佳示范县市，五原县成为全国乡村振兴试点县和自治区农区现代化试点县，乌拉特中旗被列为自治区牧区现代化试点旗。

9.2.2   "四控行动"稳步推进，推动现代农业绿色发展

通过严格管控与奖补激励，深入开展控肥、控药、控水、控膜"四控行动"，化肥、农药施用量持续下降。2019—2020 年，全市化肥、农药施用量分别累计减少 13 284.4 t、131.7 t，节水 2.8 亿 m³。农膜回收率逐年提高，有效推动了现代农业的绿色发展，成效显著。

9.2.3   人居环境显著改善，百姓生活质量提升

项目的实施，提供了优美的自然湿地，愉悦身心，美化人居环境。农村牧区人居环境整治三年行动圆满完成，生活垃圾收运系统实现了对所有行政嘎查村的全覆盖。乌拉特前旗被评为全国村庄清洁行动先进县，百姓生活质量持续提高。

9.2.4 创新生态经济发展示范模式

通过项目实施，一方面流域的生态环境得到根本改善，为区域绿色发展奠定了良好的生态环境基础；另一方面通过环境治理和生态保护倒逼区域经济发展绿色转型，激励技术创新，促进新产业、新业态和新动能的培育，形成了以保护生态环境、节约资源为特点，以现代农牧业、清洁能源、数字经济、生态旅游和生态水产养殖等为支柱，经济社会发展与生态环境保护协调互促的新型绿色产业发展格局。这种生态经济发展模式为西部欠发达、生态脆弱地区提供了践行绿水青山就是金山银山理念、实现绿色发展的示范。

9.2.5 提升项目宣传力度

2023 年 6 月 5 日，习近平总书记来到内蒙古巴彦淖尔市乌梁素海湿地考察，强调治理好乌梁素海流域对于保障我国北方生态安全具有十分重要的意义。他指出，乌梁素海治理和保护的方向是明确的，要用心治理、精心呵护，一以贯之、久久为功，守护好这颗"塞外明珠"，为子孙后代留下一个山青、水秀、空气新的美丽家园。2023 年 6 月 6 日，习近平总书记在内蒙古巴彦淖尔主持召开加强荒漠化综合防治和推进"三北"等重点生态工程建设座谈会，对治沙有效的"磴口模式"给予了充分肯定。

项目深入贯彻落实习近平生态文明思想，利用生态环境大数据平台等展示手段，广泛宣传"山水林田湖草是一个生命共同体"的理念。人民网－内蒙古频道以《内蒙古"一湖两海"水质指标总体向好　生态环境逐步改善》为题对项目进行了报道，总结了生态保护修复试点工程的经验做法与成效。2020 年 10 月，试点工程被《建设监理》评为 2020 年全过程工程咨询服务十佳案例，同月，被生态环境部评为全国"绿水青山就是金山银山"实践创新基地；2020 年 11 月，入选自然资源部"社会资本参与国

土空间生态修复案例";2021 年 2 月,被自然资源部评为基于自然的解决
方案(NBs)先进典型案例;2021 年 4 月,成功入选生态环境部生态环境
导向的开发(EOD)模式试点,发挥了良好的示范引领作用。

9.2.6 提高全社会生态文明意识

在试点工程实施过程中,政府、企业和公众进一步认识到环境污染治
理和生态保护修复的重要性和价值,增强了生态责任意识和绿色消费意
识。社会各方面更加重视生态脆弱区的环境承载力,自觉践行绿色生产生
活方式,形成了全社会共治、共管、共享的生态文明新格局,实现了人与
自然和谐发展。

9.3 经济效益

修复区工程实施始终遵循"山水林田湖草沙是一个生命共同体"的理
念,以改善区域生态环境质量为重点,以提升"北方防沙带"生态系统服务
功能和保障黄河中下游水生态安全为总体目标,对山上山下、地上地下、陆
地水体及流域上、中、下游进行整体保护、系统修复和综合治理。项目的实
施有效减少了矿山地质灾害和洪涝灾害造成的直接或间接经济损失,降低了
矿业企业的生产成本;同时,通过农业面源、农村面源、城镇点源污染治
理,以及湿地修复与构建、内源污染治理的协同作用,减少了入湖污染物的
总量,使乌梁素海水质由劣 V 类提升到 V 类,进一步降低了污染物处理成本。

9.3.1 生态修复治理产生的经济效益

荒漠化防治有效控制了生态破坏,促进了生态建设,改善了旅游景观

和生态环境。依托旅游业，带动了服务业的发展，推动了区域产业结构的优化。水土保持与植被修复工程的实施为生态系统提供了有力支持，并产生了显著的经济效益。矿山企业在生产过程中，除蒙受地质灾害和环境污染带来的直接损失外，还要承担额外的治理成本，这对企业的信誉和长期发展造成了严重影响。通过环境治理，矿区疾病的发病率得以降低，生产事故的发生率减少，从而降低了企业的生产成本。

9.3.2 生态农业、旅游业和渔业产生的经济效益

项目的实施大幅提升了排干沟的排洪排涝功能，有效防止了农田淹没和倒灌现象的发生，避免了两岸耕地因阴渗返盐而受损，促进了农作物的良好生长，提高了土地生产率，经济效益有所提升。随着区域生态环境质量的改善，乌梁素海流域以其完善的生态系统、丰富的物种和宜人的景观，成为巴彦淖尔市的一张亮丽名片，提升了城市形象和地区知名度，推动了旅游业的发展，促进了经济效益的提升。乌梁素海流域水质的好转和周边环境的优化，为当地旅游业的发展创造了有利条件。

第 10 章　公众满意度调查

10.1　满意度调查概况

2021 年 11 月 9—12 日、2021 年 11 月 15—16 日、2024 年 1—2 月，内蒙古乌梁素海流域投资建设有限公司、上海同济咨询有限公司和中国环境科学研究院相关工作人员前往巴彦淖尔市乌拉特前旗、磴口县和临河区，对乌梁素海流域山水林田湖草生态保护修复试点工程开展了公众满意度调查工作。现场调查情况详见表 10-1。

表 10-1　公众满意度调查

时间	地点	涉及的项目名称（大类项目）	调查人数 / 名	满意比例 /%
2021 年 11 月 9 日	乌拉特前旗白彦花镇	矿山地质环境综合整治工程	12	100

续表

时间	地点	涉及的项目名称（大类项目）	调查人数/名	满意比例/%
2021 年 11 月 9—12 日	乌梁素海坝头、白彦花镇、新安镇	农业面源及城镇点源污染治理工程	61	100
2021 年 11 月 10 日	新安镇红圪卜村、乌海村	水土保持与植被修复工程	28	67.86
2021 年 11 月 11 日、2024 年 1—2 月	新安镇东方红村、西羊场	河湖连通与生物多样性保护工程	70	94.29
2021 年 11 月 15 日	磴口县巴彦高勒镇	沙漠综合治理工程	30	100
2021 年 11 月 16 日	临河区	生态环境物联网建设与管理支撑	13	100
2024 年 1 月 27 日	乌梁素海坝头	乌梁素海湖体水环境保护与修复工程	51	100

（1）沙漠综合治理工程

磴口县巴彦高勒镇
沙漠综合治理工程满意度调查

（2）矿山综合治理工程

乌拉特前旗白彦花镇

矿山地质环境综合整治工程满意度调查

（3）水土保持与植被修复工程

乌拉特前旗新安镇红圪卜村　　　　　乌拉特前旗新安镇乌海村

水土保持与植被修复工程满意度调查

（4）河湖连通与生物多样性保护工程

乌拉特前旗新安镇东方红村

河湖连通与生物多样性保护工程满意度调查

（5）农业面源及城镇点源污染治理工程

乌拉特前旗白彦花镇　　　　　　　　　　乌梁素海坝头

乌拉特前旗新安镇前进村　　　　　　　　乌拉特前旗新安镇庆华村

农业面源及城镇点源污染治理工程满意度调查

（6）乌梁素海湖体水环境保护与修复工程

乌梁素海坝头

乌梁素海湖体水环境保护与修复工程满意度调查

（7）生态环境物联网建设与管理支撑

临河区

生态环境物联网建设与管理支撑工程满意度调查

10.2 满意度结果

本次公众满意度调查共收集有效问卷 265 份，其中对项目持满意态度的人数为 252 人，满意率达 95.1%。

10.3　公众意见

根据调查结果，公众提出了以下主要意见：

（1）加大乌兰布和沙漠治理力度，加强后期运维管护，增加资金投入。

（2）加大农业面源及城镇点源污染治理的宣传力度，妥善处理工程遗留问题。

（3）修复部分排干沟的塌方和积水问题，确保排干沟功能正常。

（4）加强植树造林工程的后期养护，确保树木成活率和生态效益。

（5）加快部分工程进度，如厕所、生活垃圾处理设施等，尽快投入使用。

第11章 主要经验做法、存在的问题及生态风险

11.1 主要经验做法

11.1.1 建立健全体制机制

一是强化组织领导。市政府层面成立了试点工程实施指挥部，下设综合办公室、计划财务组、工程协调推进组和工程监督管理组。指挥部建立了联席会议制度，定期邀请各级政府部门、行业主管部门及参建企业召开联席会议，研究解决工程推进过程中遇到的重大问题，尤其是手续办理、资金调配、工程施工、社会矛盾等方面的难题。

二是细化任务分工。相关部门制定了试点工程职责划分细则，明确了各部门和单位的职责。指挥部负责试点项目的决策指挥、管理调度、监督考核，以及研究解决项目建设中的重大问题；建设单位负责项目的勘察设计、工程推进和运营管理；行业主管部门负责行业指导、管理和监督；各旗（县、区）负责协调处理工程涉及的征地、拆迁及社会矛盾纠纷，并保障项目水、电等配套供应。

三是完善项目运行机制。建立了三级会议推进体系：指挥部工作组定期举行项目协调推进会，协调解决项目遇到的重大问题，为项目的顺利实施提供保障；淖尔公司、SPV 公司和全过程咨询公司定期举行由参建单位主要负责人参加的项目协调推进会，统筹各参建方，形成合力，确保项目高效推进；定期召开由参建单位主要负责人参加的工程监理例会，及时发现并解决项目实施过程中存在的问题。同时，建立了日汇总、周调度、月通报的管理模式：每日统计汇总项目建设情况，便于各方及时了解工程进度；每周召开调度会议，对施工资源进行统筹调度，加快项目推进；每月通报项目实施的整体情况，总体把控工程进展，为项目决策提供依据。

四是完善政策管理制度。制定了《报批报建管理办法》《造价管理办法》《设计管理办法》《投资管理办法》《质量管理办法》《进度管理办法》《合同管理办法》等一系列管理制度，确保项目工作程序规范、有序推进。同时，建立了工程建设信息化管理体系，依托统一的线上工作平台，及时反映工程建设进展情况，加强对工程建设质量的动态监管，提升监管工作效率。此外，制定了《试点工程后期管护指南》，明确了试点工程的管护原则、范围、内容、效果、费用来源及责任主体等内容，并根据不同子项目的实施内容，基本落实了管护措施。

11.1.2　坚持一体化顶层设计，开展河湖连通的区域系统治理

乌梁素海流域在工程实施之前存在流域水质状况差、水生态安全受到严重威胁等生态问题。水质不能持续稳定达到 V 类标准，部分污染物在某些时段甚至超出 V 类标准。入湖污染源包括点源、面源及内源污染；同

时，湖区还面临水量缩减、水面萎缩的问题。

在治理过程中，坚持顶层设计和系统治理的理念，统筹推进生态修复。按照"一中心、二重点、六要素、七工程"组织实施，即以建设北方重要生态屏障为中心；以提升"北方防沙带"生态系统服务功能和保障黄河中下游水生态安全为重点；开展域内沙漠、矿山、林草、农田、湿地、湖水等六要素的系统治理；安排实施 7 个方面的保护与修复工程。

在项目工程实施中，乌兰布和沙漠防沙治沙及生态修复项目以提升"北方防沙带"生态系统服务功能为重点。乌梁素海流域的问题表现在水里，但根源在岸上。围绕湖区及流域水质提升，项目在初期实施方案中分别在各区域布设相关工程，以减缓湖区周围的面源、点源污染，减少入湖污染物和泥沙量，改善水质。工程实施侧重点各有不同，例如，阿拉奔草原水土保持与植被修复区工程实施以减缓入湖泥沙量为主，环乌梁素海生态保护带以解决农业面源污染和城镇点源污染为主。各类工程从不同侧面共同推进入湖水质的优化，体现了生态保护修复的系统性和一体化。

11.1.3 因地制宜，遴选具体修复措施

因地制宜主要体现在本地树种的选择及相关配套工程的配合上。在乌兰布和沙漠综合治理区开展的防沙治沙项目中，通过设置沙障及配合引水工程，为区域营造林工程的实施提供了植被生长的必要条件，充分考虑了区域的自然地理特点及胁迫因素。在乌兰布和沙漠生态修复治理项目中，选择梭梭林进行接种，并选择干旱半干旱地区的本地物种进行造林，在一定程度上保障了区域植被的成活率。

11.1.4 生态与产业并重

本项目在实施过程中兼顾生态环境治理与当地产业发展，在完成既定

绩效目标的同时，通过生态与产业的相互促进，发展乌梁素海周边旅游产业，增加当地劳动就业机会，带动当地经济可持续发展，真正将"绿水青山"转化为"金山银山"。

（1）统筹生态治理与产业发展，实现生态产业化

在生态治理的同时，通过在乌兰布和沙漠梭梭树上嫁接肉苁蓉，以及在乌拉山南北麓种植山桃、山杏、酸枣等经济作物，促进了当地产业发展，帮助当地企业和农民增收致富。项目区的示范带动作用激发了农牧民的种植积极性，为进一步扩大种植面积、改善周边环境奠定了基础。

（2）改善乌梁素海周边环境，促进当地旅游业发展

通过试点工程的实施，乌梁素海湖区及周边人工湿地自然景观得到整体提升，逐步恢复了乌梁素海"塞外明珠"的历史风貌，带动了旅游业的发展。旅游业已成为当地经济新的增长点和支柱产业，乌梁素海旅游业收益逐年增长：2019年为816万元、2020年为961万元、2021年为1 413万元，年均增长率达23.5%。

（3）增加劳动就业机会，助力当地脱贫致富

试点工程项目的实施带动了周边地区的经济发展，为当地创造了更多劳动就业机会，助力当地脱贫摘帽。项目区集中所在地乌拉特前旗抓住试点工程实施的契机，已实现贫困人口全部脱贫的目标。

11.1.5　资金筹措及市场化、多元化投入模式

按照国家提出的绩效考核目标和市委、市政府提出的"资源资本化、生态产业化、治理长效化"的治理目标，巴彦淖尔市在锁定政府支出责任（中央、自治区、市级财政奖补资金）的前提下，通过"项目收益＋耕地占补平衡指标收益"的方式实现项目总体的资金自平衡，进而引入社会资本方，通过设立产业基金、组建项目公司，实现项目的市场化运作。设立产业基金，由中标的基金管理公司发起，市属国有公司（淖尔开源公司）

与中标投资人共同出资，设立产业发展专项基金。采用"财政补贴＋项目收益"的方式实现资金自平衡。

11.2　存在的问题及生态风险

（1）评估尺度及评估时限对评估结果的影响

当前工程实施范围与修复单元项目空间尺度较小，呈点状分布，其生态效应难以在修复单元等大尺度上充分体现。同时，修复单元中的非工程实施区还受到其他多种人为及气候因素的影响，导致修复单元尺度的评估结果受到不同程度的影响和胁迫。此外，生态效果的体现主要依赖于生态地理过程的恢复，而这一过程往往滞后于地表植被及环境的改善。因此，生态功能和质量的改善具有滞后性，修复单元及流域尺度的生态功能改善需在工程实施后一段时间内才能更好体现。

（2）植被恢复程度受多重因素影响，不确定性较大

植被恢复容易受到牲畜、干旱等因素的影响，很难实现一次性成活，需要定期补苗，且管理难度较大。例如，部分工程区紧邻原始的高大沙丘，风力大且频繁，导致稻草沙障被破坏，梭梭幼苗难以保存，保存率受自然条件影响较大；乌梁素海东岸荒漠草原生态修复区的植被保存率较低；示范工程区域的部分网围栏没有完全闭合，禁牧保护管理难度大、问题多，草原灌草植被牲畜啃食现象严重；在部分工程项目验收过程中发现，许多苗木生长势头较弱，年生长量较小，植被覆盖率较低。

（3）社会经济发展带来的生态环境压力较大

尽管乌梁素海流域实施了山水林田湖草沙一体化生态保护修复工程，但由于流域面积大、生态环境问题复杂多样，仍存在很多不稳定性。生态空间被非生态空间挤占的现象依然较重，社会经济发展与生态环境保护的矛盾突出，粮食安全和生态安全依然面临较大风险。

CHAPTER
TWELVE

第 12 章　主要结论和建议

12.1　主要结论

（1）流域生态胁迫因子得到缓解

乌兰布和严重沙化沙漠占比由 2017 年的 23.7% 下降到 2020 年的 21.8%，新增治理面积 48 209 亩；乌拉山受损山体的地质地貌环境得到改善，入湖污染物和泥沙量减少，湖体水环境显著改善；湖体水环境保护与修复工程实施后，污染底泥上部 10 cm 以上的有机物削减了 30%～50%，各个监测点的底泥总磷、总氮浓度削减率分别大于 30%、15%。

（2）生态格局得到优化，生态廊道进一步建立

沙漠综合治理区林地 Shannon-Wiener 多样性指数与 Shannon-Wiener 均匀度指数均有所增加，表明工程实施促进了斑块多样性和均匀度的提升。乌兰布和沙漠综合治理区的连通度增加，河湖连通灌排体系逐步构

建，草原生态型防护网络初步形成，湖区水体连通性有效提升。同时，河套灌区农作物种植结构得到优化，乌拉山生态空间进一步拓展。

（3）区域整体生态功能均值呈下降趋势，但空间上生态功能增减差异明显

水源涵养功能的增加区域主要集中在研究区西部的乌兰布和沙漠综合治理区、乌拉山水源涵养与地质环境综合治理区中的乌拉山沿线及北麓地区；土壤保持功能增加区域主要位于乌兰布和沙漠综合治理区和阿拉奔草原水土保持与植被修复区；防风固沙功能指数增加区域主要集中在阿拉奔草原水土保持与植被修复区东北边缘及乌拉山水源涵养与地质环境综合治理区的东北部。

（4）区域生物多样性整体提升

根据 2016 年、2020 年的水鸟调查报告，乌梁素海湿地水禽自治区级自然保护区内鸟类数量从 2016 年的 254 种增加到 2020 年的 258 种。对乌兰布和沙漠综合治理区和乌拉山水源涵养与地质环境综合治理区的植物调查结果显示，Simpson 指数、Shannon-Wiener 多样性指数与 Pielou 均匀度指数均显著提高，表明植被结构趋于稳定。

（5）植被恢复与生态系统质量改善

叶面积指数、植被覆盖度和总初级生产力变化均呈向好趋势，其中植被覆盖度增幅尤为显著。生态系统质量为优和良的区域面积占比上升，质量中等的占比保持稳定，质量为差的占比下降。

12.2 建议

（1）进一步深化"山水林田湖草沙是生命共同体"理念

坚持以习近平生态文明思想为统领，坚持山水林田湖草是生命共同体的整体系统观，坚持求真务实的正确政绩观，坚持尊重自然、顺应自然、

保护自然的科学自然观。以增强生态系统稳定性和生态产品供给能力为核心，坚持科学修复、因地制宜、综合施策，坚持宜林则林、宜草则草、宜荒则荒的原则，切实提高生态保护修复质量，坚决制止生态保护修复过程中的生态形式主义问题。

（2）加快提升生态保护修复监测和科技支撑能力

结合乌梁素海流域实际情况，因地制宜出台针对生态保护修复工程的调查监测、监督检查、执法、成效评估等相关标准规范，制定完善生态保护修复监管工作的实际操作规范及实施细则。加强生态监测能力建设，加快建设生态监测站点，补充完善专业监测设施仪器。积极开发和引进有利于提高生态保护监管能力的适用科学技术，不断提高科技创新水平。

（3）加强科学评估，推进区域水资源集约节约化利用

干旱半干旱地区水资源量和空间分配是主要的制约因素。本项目在沙漠地区开展梭梭林等植被种植，并通过建设输水管道进行定期定量水量补充，是对干旱地区合理分配水资源促进植被有效生长的实践。在后续的生态系统管护过程中，应进一步开展区域水资源承载力评估，合理规划沙漠地区林木种植的面积和区域，在开展生态修复工程的同时，充分尊重自然资源的空间禀赋，做到区域水量的集约节约化利用及生态系统的自然恢复。

（4）加强工程项目后期管护和长期跟踪监测

强化生态保护修复工程后期管理维护，积极探索创新运营管护机制，明确管护责任主体，做好基础设施的运行和维护，落实管护措施，加强对生态系统恢复演替过程的跟踪管护，确保生态保护修复工程稳定持续发挥效益。特别是针对该流域多风、干旱、少雨的自然气候特点，以及植被恢复程度不确定性较大，极易受到气候影响的情况，应在后续的管护中及时开展跟踪监测，及时明确需要后续维护的区域及范围。同时，要加强项目工作机制、管护措施的落地实施，确保后期管护及跟踪监测的资金和人员支持。